[개정판]

Verilog HDL

Verilog HDL을 이용한 디지털 시스템 설계

이승은 지음

光文閣
www.kwangmoonkag.co.kr

머리말

이 책은 Verilog HDL을 이용해서 디지털 회로 설계를 시작하는 입문자를 위한 책입니다. Verilog HDL은 하드웨어의 동작을 기술하는 프로그래밍 언어입니다. 하드웨어를 설계하기 위하여 사용하는 언어인 Verilog HDL은 많은 편리한 명령어와 기술 방법을 포함하고 있습니다.

그러나 처음 시작하는 설계자가 Verilog HDL의 다양한 기능을 사용하여 하드웨어를 기술하면 다음과 같은 경험을 하게 됩니다.

- 시뮬레이션은 잘 되는데, 합성이 안 됩니다.
- 시뮬레이션과 합성은 잘 되는데, 회로 동작이 제대로 안 됩니다.
- 일부 신호가 한 클럭 뒤에 출력됩니다.
- FPGA로 구현하면 잘 동작하는데, ASIC으로 구현하기 어렵습니다.

Verilog HDL은 하드웨어를 기술하는 언어입니다. 즉 설계하고자 하는 하드웨어의 기능을 컴퓨터가 이해할 수 있는 언어로 표현하고, 컴퓨터를 이용한 회로 설계를 통해 검증을 효율적으로 완료하기 위한 언어입니다. 따라서 하드웨어의 특성 이해를 통해 하드웨어의 동작을 컴퓨터가 잘 이해할 수 있는 코딩 스타일이 필요합니다. 컴퓨터는 우리가 기술한 Verilog HDL 코드를 충실히 이행할 준비가 되어 있지만 사용자가 잘못 기술하여 문제가 생깁니다. 이 책은 Verilog HDL을 이용하여 디지털 하드웨어를 구현하고자 하는 설계자가 위에 말한 네 가지의 문제점을 겪지 않도록 도움을 주고자 합니다.

1장은 디지털 시스템(Digital System)에 대하여 설명합니다. 디지털 시스템의 2진수와 비트, 바이트, 워드에 대하여 정의하고, 스위칭 소자 및 AND, OR, NOT 게이트를 소개합니다. 논리값 1과 0을 구분하는 논리 레벨을 이해하고, CMOS 기술로 구현된 게이트의 특성을 알아봅니다. 마지막으로 FPGA와 ASIC에 대하여 설명합니다.

2장은 디지털 시스템에서 사용하는 부울 대수(Boolean Algebra)를 간단히 설명합니다. 공리(Axiom)를 정의하고 정리(Theorem)의 특성을 게이트 회로를 이용하여 이해합니다. 진리표를 SOP와 POS 형태의 논리식으로 나타내는 방법과, 논리식을 간단하게 할 수 있는 카노맵을 소개합니다.

3장은 Verilog HDL과 기본 문법을 소개합니다. 모듈과 입출력을 정의하는 방법, 데이터를 표현하는 방법, 지원하는 연산자를 사용하는 방법, 여러 개의 모듈을 연결하는 방법, 모델링 방법 등을 정리합니다. 또한, Verilog HDL을 이용하여 기술한 회로를 검증하기 위한 테스트 벤치 작성 방법을 설명합니다. 설계 검증 시 유용하게 사용할 수 있는 시스템 태스크를 살펴봅니다.

4장은 조합회로(Combinational Logic)를 Verilog HDL 코드와 함께 설명합니다. 먼저 게이트를 간단한 조합회로의 동작적(Behavioral) 기술과 구조적(Structural) 기술 방법을 살펴봅니다. 조합회로 기술에 사용되는 assign과 always의 특징 및 if-else, case문의 기술 방법을 소개합니다. 디지털 시스템 설계에서 자주 사용하는 멀티플렉서, 인코더, 디코더 회로의 동작을 설명하고, Verilog HDL로 기술합니다. 산술 연산회로인 반가산기, 전가산기, Carry Look-Ahead 덧셈기, Prefix 덧셈기의 원리를 설명합니다. 마지막으로 조합회로의 테스트 벤치 작성 방법을 소개합니다.

5장은 순차회로(Sequential Logic)를 Verilog HDL 코드와 함께 설명합니다. 먼저 순차회로에 꼭 필요한 기억 소자를 소개합니다. 순차회로 기술에서 주의해야 하는 Non-blocking과 Blocking 표현 방법의 차이를 하드웨어의 합성 결과를 이용하여 이해합니다. 동기 순차회로에 대하여 알아보고, 대표적인 동기 순차회로인 FSM 설계 과정을 카운터와 신호등 제어기 FSM 설계를 이용하여 설명합니다. 또한, FSM 기술에 사용하기 편한 Verilog HDL 코드를 소개합니다. 마지막으로 자주 사용되는 시프트 레지스터의 동작과 Verilog HDL코드를 살펴봅니다.

6장은 조합회로와 순차회로의 타이밍(Timing)에 대하여 설명합니다. 전파 지연(Propagation Delay)과 오염 지연(Contamination Delay)을 정의하고 글리치(Glitch)에 대하여 알아봅니다. 동기 순차회로의 동작 주파수를 결정하는 방법과 셋업(setup) 타임과 홀드(hold) 타임 위배(violation)에 대하여 설명합니다. 회로의 출력 형태에 따라 설계 시 고려해야 할 사항을 설명하고, Verilog HDL에서 시간 지연(delay)을 표현하는 방법을 소개합니다.

7장에서는 게이트와 브레드 보드를 이용하여 세그먼트 디코더, 카운터, 자판기 FSM

을 설계합니다. 브레드 보드에 IC를 꽂고 전선으로 연결하여 설계한 회로의 기능을 검증합니다. 실습을 통해서 하드웨어의 특성을 이해할 수 있기를 기대합니다. 브레드 보드에서 동작하는 여러 개의 IC와 내부에 내장된 게이트와 플립플롭이 모두 동시에 동작하는 하드웨어의 동시성을 이해합니다.

8장에서는 Verilog HDL을 이용하여 하드웨어를 기술하고, 시뮬레이션하여 기술한 코드를 검증합니다. 또한, 기능이 검증된 Verilog HDL 코드를 FPGA에 구현하는 과정을 소개합니다. 세그먼트 디코더 회로를 Verilog HDL로 기술합니다. 모델심(Modelsim)을 이용하여 시뮬레이션하는 방법과, Quartus II 프로그램을 사용하여 Intel사의 FPGA에 구현하는 과정을 소개합니다. 6개의 세그먼트를 구동하기 위한 디스플레이 컨트롤러 회로를 설계하고, 이 회로를 이용하여 스톱워치 설계에 재사용합니다. 프로세서의 구성 요소인 ALU와 기본 통신 채널인 UART 송수신 회로를 설계하고 구현합니다. 마지막으로 설계한 회로를 재사용하여 간단한 마이크로프로세서를 구현합니다.

Verilog HDL은 이 책에 설명한 내용 외에도 많은 편리한 명령어와 사용 방법이 있습니다. 그러나 초보자들과 입문자들은 이 책에 언급된 내용만으로도 충분히 디지털 회로를 기술할 수 있습니다. 이 책의 내용을 숙지하면 조금은 더 많은 타이핑을 해야 할 수도 있지만, 좋은 코딩 스타일의 Verilog HDL 코드를 작성할 수 있습니다. Verilog HDL은 모든 구성 요소가 동시에 동작하는 하드웨어를 기술하는 언어입니다. 좋은 코딩 스타일이란 실수할 가능성을 낮추면서 하드웨어의 구조를 잘 보여 주는 코딩입니다.

Verilog HDL이 많은 명령어와 사용 방법들을 지원하지만, 초보자나 입문자들은 이 책에서 다룬 내용만을 사용해서 하드웨어를 기술하기를 권장합니다. 프로세서, 디지털 신호처리기(DSP), 통신 반도체, 디스플레이 반도체, 영상 인식 및 음성 인식 반도체, 인공지능 반도체 등 많은 반도체를 설계하는 데 있어서 이 책에 언급된 Verilog HDL 기술 방법만을 사용하여도 충분히 회로를 설계할 수 있습니다. 이러한 기술 방법으로 모든 칩이 제조되어 동작하고 있습니다. 컴퓨터를 사용하여 Verilog HDL로 하드웨어를 기술할 때 소프트웨어 프로그래밍이 아니라 동시에 동작하는 하드웨어를 기술하고 있다는 사실을 꼭 기억하시기를 바랍니다.

디지털 회로 설계를 위한 Verilog HDL 책의 필요성을 느끼면서 미뤄 왔던 책을 쓰기 시작하였습니다. 저자는 Intel, Broadcom 등 기업체에서의 설계 경험과 한국전자기술연구원에서의 연구 경험, 그리고 서울과학기술대학교에서의 교육 경험을 바탕으로, 실수하지 않는 Verilog HDL 코딩 방법을 설명하기 위하여 노력하였습니다. 오타나 버그를 정정하기 위해 노력을 기울였습니다만 아직도 남아 있는 오타나 버그를 찾으시면 연락 부탁드립니다.

이 책이 Verilog HDL을 이용하여 하드웨어 설계를 시작하는 초보자들이 디지털 회로 설계자로서 첫 발걸음을 떼는 데 도움이 되길 바랍니다.

서울과학기술대학교 SoC 플랫폼 연구실 졸업생들과 재학생들의 땀과 노력으로 이 책을 출판합니다. SoC 플랫폼 연구실 가족들에게 감사드립니다.

마지막으로, 아빠가 책을 쓴다고 신나서 좋아하며 표지 그림을 그리는 서연이와 서진이, 그리고 사랑하는 아내 윤희에게 감사의 말을 전합니다.

2020년 2월
눈 내리는 창학관에서
이승은

목차

Chapter 01. 디지털 시스템(Digital System)　13

Chapter 02. 부울 대수(Boolean Algebra)　31

Chapter 05. 순차회로(Sequential Logic)   123

Chapter 08. Verilog HDL을 이용한 디지털 시스템 설계 실습
(Digital System Design using Verilog HDL)   209

부록. 실습보드 설명서 (User Manual)   291

01

Verilog HDL

디지털 시스템
(Digital System)

1.1 디지털과 아날로그(Digital and Analog)

디지털(digital)은 digit의 형용사이며, 손가락을 뜻하는 라틴어 digitus가 어원이다. 우리는 흔히 숫자를 셀 때 아이나 어른이나 손가락을 사용한다. 이때 손가락을 굽히거나 펴는 두 가지의 방법, 즉 확연하게 구분되는 안정적인 상태(stable state)를 이용한다. 손가락을 불안정하게 구부리거나 펴는, 그 중간의 상태는 없다고 생각한다. 이렇게 손가락으로 수를 세는 것과 같이, 안정적인 상태(0과 1)를 이용하여 데이터를 표현하고 연산하는 시스템을 디지털 시스템이라고 한다.

그러나 자연계에서 발생하는 물리적인 양은 시간에 따라 연속적으로 변한다. 빛의 강도, 소리의 높낮이나 크기, 바람의 세기, 온도, 습도 등은 시간에 따라 연속적인 값을 가지고 변한다. 아날로그(analog 또는 analogue)는 이러한 수치를 외부적인 원인에 의해 연속적으로 변하는 물리적인 양으로 나타낸다. 확연하게 구분되는 불연속적인 값으로 나타내는 디지털에 대비되는 개념이다. 예를 들면 자동차의 속도를 계기판 바늘의 각도로 표시하는 것과 같다. 자연의 물리적인 양을 전자적으로 측정하기 위해 전기적으로 변환하는 장치를 트랜스듀서(transducer)라 한다. 이렇게 변환된 전기적 신호는 원래의 물리적 양을 아날로그화한 것이며 연속적인 값을 갖는다. 이러한 신호를 아날로그 신호라고 한다.

디지털 신호는 확연히 구분되는 안정한 상태를 나타내는 값으로 물리적인 양을 표현하는 신호이다. 예를 들면 아날로그로 표현된 자동차의 속도 계기판은 자동차의 속도 값을 바늘의 각도를 이용하여 연속적인 값으로 나타내지만, 디지털로 표현된 자동차의 속도 계기판은 자동차의 속도값을 디스플레이 장치를 이용하여 자연수로 나타낸다. 즉 자동차의 속도 78.6554...Km/s는 디지털 계기판에서 79로 표현되지만, 아날로그 계기판에서는 78과 79 사이의 값을 바늘이 적당한 각을 이용하여 표현한다. [그림 1-1]은 아날로그 신호와 디지털 신호의 예이다.

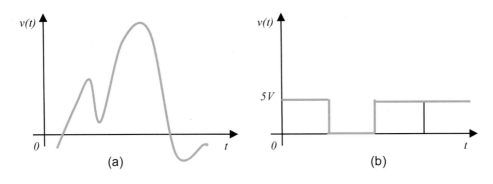

[그림 1-1] 아날로그 신호와 디지털 신호

기본적으로 우리는 아날로그 세상에 살고 있다. 즉 아날로그 신호를 각기 목적에 맞게 처리하는 전자 시스템을 이용하고 있다. 보통 미약한 신호를 크게 증폭하든지, 필요한 신호만을 선택하든지, 필요한 신호만 선택적으로 통과시키거나 증폭하든지, 또는 신호를 미분, 적분, 덧셈 등의 연산을 한다. 이때 아날로그 신호를 디지털 신호로 변환하여 디지털로 처리하는 것이 보통 유리하다. 요즘은 대부분의 전자기기에 적어도 3~4개의 프로세서가 내장되어 있다. 즉 디지털로 신호 처리 하는 것이 일반적인 방법이 되었다. 디지털 회로를 이용한 신호 처리는 아날로그 회로를 이용하는 것보다 잡음의 영향을 덜 받으며, 반도체로 양산하기 유리하다.

아날로그-디지털 변환기(analog-to-digital converter: ADC)는 일정한 시간 간격 (T) 마다 아날로그 신호값을 샘플링(sampling)하여 디지털값으로 출력하는 장치이다. 이렇게 출력된 디지털 신호를 원하는 목적에 따라 연산하고, 그 결과를 출력하는 시스템이 디지털 시스템이다. 시스템의 특성상 결괏값을 아날로그 신호로 출력해야 할 때는 디지털 신호를 아날로그 신호로 변환하는 디지털-아날로그 변환기(digital-to-analog converter: DAC)를 사용한다.

[그림 1-2]는 일반적인 전자 시스템 구조도이다. 외부 센서로부터 입력된 아날로그 신호를 Analog Front-end 회로가 증폭 및 필터링 등의 전처리를 한다. 전처리 된 아날로그 신호는 AD 변환기를 이용해 디지털 신호로 전환되며, 디지털 프로세서가 복잡한 신호 처리를 수행한다. 아날로그 형태의 출력값이 요구되는 경우 디지털값을 아날로그 신호로 변경하는 DA 변환기를 포함한다.

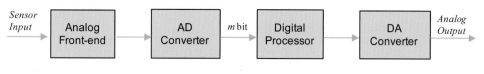

[그림 1-2] 일반적인 전자 시스템 구조

1.2 비트, 바이트, 워드(Bit, Byte, and Word)

우리가 사용하는 0, 1, 2, ..., 9 등 10개의 숫자(digit)를 10진 숫자(decimal digit)라 한다. 10개의 10진 숫자를 조합하여 표현된 수가 우리가 주로 사용하는 10진수(decimal number)이다. 일반적으로 디지털 신호는 두 개의 안정한 상태를 이용하여 물리적인 값을 표현하며, 이 두 개의 안정한 상태를 0과 1의 두 숫자만(binary digit)을 이용하여 표시한다. 이 0과 1을 비트(bit)라고 하며, 비트를 조합하여 표현된 수가 디지털에서 사용하는 2진수(binary number)이다.

우리가 일상 생활에서 10진수를 주로 사용하는 것과 같이, 컴퓨터는 2진수를 사용하여 모든 수를 비트 열(예: 11010)로 표시한다. 예를 들면 2비트로 00, 01, 10, 11의 4개의 서로 다른 비트열로 4개의 수(0~3까지)를 표현한다. 3비트로는 000, 001, 010, 011, 100, 101, 110, 111 등 8개의 수(0~7까지)를 표현할 수 있다. 이렇게 비트열을 이용하여 수치(number value)뿐만 아니라, 문자(character), 기호(symbol), 또는 명령(instruction)을 표시할 수도 있다.

미국정보교환표준부호(American Standard Code for Information Interchange), 또는 줄여서 ASCII(/æski/, 아스키)는 영문 알파벳을 사용하는 대표적인 문자 인코딩 방법이다. ASCII는 7비트를 이용하여 33개의 출력 불가능한 제어 문자들과 공백을 비롯한 95개의 출력 가능한 문자를 표현한다. ASCII는 컴퓨터와 통신장비를 비롯한 문자(character)를 사용하는 많은 디지털 장치에서 사용된다. 이를 기초로 하여 다양한 ASCII 기반의 확장 인코딩 방법들이 사용되며, 보통 이들을 모두 ASCII라고 부르기도 한다. 8장에서 구현하는 통신 시스템도 ASCII 코드를 이용하여 문자를 전송한다.

특히 8비트를 1바이트(byte)라고 부르며, 컴퓨터에서 데이터의 기본 단위로 사용된다. 일반인이 처음 접하게 된 PC가 8비트 컴퓨터이기 때문에 기본 단위가 되었다. 컴퓨터는 일정한 길이의 비트열을 그룹으로 하여 연산 및 저장한다. 예를 들면 8비트 컴퓨터는 8비트 데이터 두 개를 더하는 등 8비트 단위의 연산을 수행한다. 즉 바이트 단위로 연산을 수행한다. 반도체 기술의 발달로, 하나의 칩에 많은 수의 트랜지스터를 구현할 수 있게 되면서, 컴퓨터는 16비트, 32비트, 그리고 현재 우리가 사용하는 64비트 컴퓨터로 발전하였다. 32비트 컴퓨터는 32비트 단위의 연산을 수행하고, 64비트 컴퓨터는 64비트 단위의 연산을 수행한다. 이렇게 컴퓨터가 연산을 수행하는 단위를 워드(word)라 부른다. 32비트 컴퓨터는 워드의 길이가 32비트이며, 모든 데이터와 명령은 4바이트를 기본으로 하여 데이터를 입력하고, 연산하며, 저장한다. 일반적으로 4바이트를 워드로 사용하지만, 컴퓨터에 따라서는 워드의 길이가 2바이트 또는 8바이트가 될 수도 있다. 64비트 컴퓨터가 주류를 이루고 있는 현재에도 4바이트를 워드로 생각하는 사람도 있고, 8바이트를 워드로 생각하는 사람이 있을 수 있다. 먼 미래에는 16바이트 또는 더 큰 바이트가 워드의 단위로 사용될 수도 있다.

1.3 수(Numbers)

디지털 시스템은 우리가 일반적으로 사용하는 10진법 대신 0과 1의 두 숫자만을 사용하는 2진법을 사용하여 수를 표현한다. 그리고 모든 연산도 2진수로 계산된다. 2진수로 수를 나타내면 비트 수가 너무 많기 때문에, 사람이 보기 편하도록 10개의 숫자와 A, B, C, D, E, F의 6개의 알파벳을 사용하는 16진법을 사용한다. 2진수 4비트를 16진수로 바로 바꿀 수 있어 사용하기 편리하다.

우리가 익숙한 10진법(decimal number system)은 수를 0, 1, 2, …, 9 등 10개 숫자의 열로 표시한다. 10진수는 수를 구성하는 각 숫자(digit)의 값과 그 숫자가 나타나는 위치에 따라 가중치(weight)를 두어 값을 표현하는 자릿수 체계(positional number system)를 사용한다. 예를 들면 10진수 123.45는 처음의 1은 100의 자리, 그다음 2는 10의 자리, 3은 1의 자리, 4는 0.1의 자리, 5는 0.01의 자리에 있기 때문에 다음과 같은 값을 표현한다.

$$123.45_{10} = 1 \times 10^2 + 2 \times 10^1 + 3 \times 10^0 + 4 \times 10^{-1} + 5 \times 10^{-2}$$

여기서 첨자 10을 기수(base 또는 radix)라 하며 10^2, 10^1, …, 10^{-2} 등이 각 자리에 대한 가중치이다. 기수가 확실할 때에는 보통 첨자를 생략한다. 우리가 10진수를 사용하면서 기수를 사용하지는 않는 것과 같다. 일반적으로 자릿수 체계에서 기수가 r이고, i번째 자리의 가중치가 r^i이면, 이 수 $D(d_{m-1}d_{m-2}...d_1d_0d_{-1}d_{-2}...d_{-n})$는 다음의 값을 표현한다.

$$D = \sum_{i=-n}^{m-1} d_i \cdot r^i$$

이렇게 표현된 숫자열에서 가장 왼쪽에 위치한 수는 most-significant digit(MSD), 가장 오른쪽에 위치한 수는 least-significant digit(LSD)이다.

디지털 시스템은 2진수를 사용하며 0과 1의 숫자열로 값을 표현한다. 따라서 그 기수는 2가 되고, 2진수 1011_2은 10진수 11_{10}과 같다. 10개의 숫자와 A, B, C, D, E, F의 6개의 알파벳을 사용하는 16진수는 2진수로 표현된 4개의 digit를 1개의 digit으로 짧게 표현할 수 있어서 컴퓨터에서 자주 사용된다. 예를 들면 2진수 $0011\_1111\_1110\_1101_2$은 16진수 $3FED_{16}$으로 표현되어 사람이 쉽게 읽고 쓸 수 있다.

연산을 수행하기 위해서는 양수뿐만 아니라 음수도 표현할 수 있어야 한다. 가장 간단한 표현 방법인 부호 붙은 절대치 표기법(signed-magnitude representation)은 2진수의 MSB(most-significant bit)를 부호 비트(sign bit)로 사용하고, 나머지 비트가 그 수의 절댓값을 나타내는 방법이다. 부호 비트가 0이면 양수, 1이면 음수가 된다. 예를 들면 숫자 73과 -73은 MSB만 0과 1로 다르고 나머지 비트는 같다.

2진수에서 0의 보수(complement)는 1이 되고, 1의 보수는 0이다. 따라서 2진수의 각 비트를 보수로 나타낸 수를 그 2진수에 대한 1의 보수(1's complement)라고 한다. 예를 들면 1001에 대한 1의 보수는 0110이다. 따라서 n비트로 된 2진수와 그 수에 대한 1의 보수를 더하면 1이 n개인 2진수가 된다. 2의 보수(2's complement)는 1의 보수에 1을 더하여 나타낸 수이다. 즉 1001에 대한 2의 보수는 0110에 1을 더한 0111이 된다.

정수를 표현할 때, 양수는 sign-magnitude 방법을 이용하여 표현하고, 음수는 2의 보수로 표현하는 것이 컴퓨터가 기본으로 사용하는 2의 보수 표시(2's complement representation) 방법이다. 이렇게 수를 표현하면, MSB가 0일 때는 양수, 1일때는 음수가 되어 부호 비트 역할을 한다.

1.4 스위칭 소자(Switching Devices)

디지털 회로는 0과 1로 대표되는 두 가지의 안정한 상태를 표현할 수 있어야 하며, 제어 신호를 이용하여 한 상태에서 다른 상태로 옮길 수 있어야 한다. 이렇게 0과 1의 값을 표현하면서 그 값을 제어할 수 있는 소자를 스위칭 소자라 한다. 요즘 디지털 회로는 대부분 반도체의 형태로 구현되며, CMOS 기술로 스위칭 소자를 구현한다.

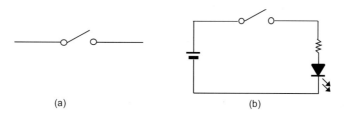

(a)   (b)

[그림 1-3] 스위치 및 스위치를 이용한 간단한 디지털 회로

　[그림 1-3]은 스위치를 닫거나(ON) 열어서(OFF) 전류의 흐름을 제어하는 간단한 디지털 회로이다. 스위치를 제어할 수 있는 소자를 스위칭 소자라고 한다. 스위칭 소자를 이용하여 스위치를 닫으면 LED에 불이 들어오는 상태와 스위치를 열면 LED가 꺼지는 두 가지 상태를 표현할 수 있다.

　디지털 회로에서 사용되는 스위칭 소자를 논리 게이트(logic gate)라고 하며, NOT 게이트, AND 게이트, OR 게이트, NAND 게이트, NOR 게이트 등이 있다. [그림 1-4]의 (a) 회로에서 기본적으로 스위치가 열려 있고, 입력 신호가 인가되면 스위칭 소자가 동작하여 스위치가 닫힌다고 하면, 스위치 A 그리고(AND) 스위치 B가 동시에 ON 되면 LED가 켜지게 된다. 이러한 게이트를 AND 게이트라고 한다. 회로(b)에서는 스위칭 소자가 동작하여 스위치 A 또는(OR) 스위치 B가 ON 되면 LED가 ON 되므로 이를 OR 게이트라고 한다.

　회로(c)에서는 스위치가 기본적으로 닫혀 있다고 할 때, 스위칭 소자에 입력이 인가되면 OFF 되고, 입력이 인가되지 않으면 ON 된다고 하면, 입력이 OFF 되었을 때 LED가 발광하게 된다. 즉 입력이 반전(invert) 되므로 NOT 게이트 또는 인버터(inverter)라고 부른다. NAND 게이트와 NOR 게이트의 동작은 각각 AND 게이트와 OR 게이트에 NOT 게이트가 연결되어 있는 것과 같다.

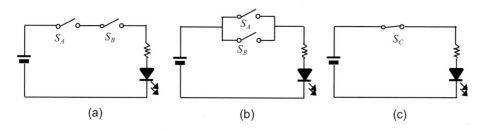

(a)   (b)   (c)

[그림 1-4] AND 게이트, OR 게이트 및 NOT 게이트 회로

1.5 논리 게이트(Logic Gates)

디지털 시스템에서 사용되는 스위칭 소자가 논리 게이트이며, AND, OR, NOT는 조합 논리회로(Combinational Logic) 설계에 사용되는 기본 게이트 들이다. [그림 1-5]는 AND와 OR 게이트의 심볼과, 입력 A, B에 대한 출력값 Y를 나타낸다. 이렇게 입력에 따른 출력 값을 표로 나타낸 것을 진리표라 한다.

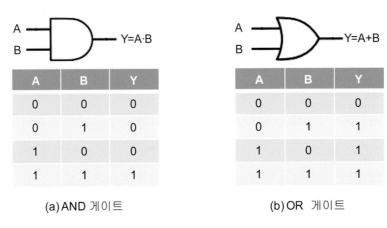

(a) AND 게이트   (b) OR 게이트

[그림 1-5] AND 게이트와 OR 게이트의 심볼 및 진리표

- AND 게이트의 출력은 모든 입력이 1일 때에 1이 된다.
- OR 게이트의 출력은 입력 중에 하나라도 1이면 1이 되며, 모든 입력이 0일 때 0을 출력한다.

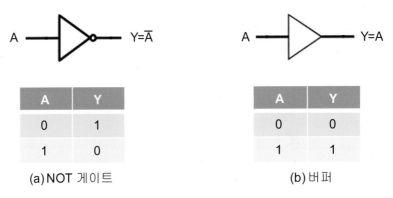

(a) NOT 게이트   (b) 버퍼

[그림 1-6] NOT 게이트와 버퍼의 심볼 및 진리표

- NOT 게이트의 출력은 입력을 반전(Invert)한 것과 같다.
- NOT 게이트 두 개를 직렬로 연결하면 출력은 입력과 같다.

[그림 1-6]은 NOT 게이트와 버퍼의 심볼 및 진리표를 나타낸다. 버퍼(buffer)는 디지털 신호 파형의 모양을 깨끗하게 정형하거나 큰 출력 전류가 필요할 때 사용된다. 또한, 회로에 어느 정도의 지연 시간(delay)를 더하고자 할 때도 사용할 수 있다.

NAND는 NOT-AND를 의미하고 AND 게이트와 NOT 게이트를 직렬로 연결한 것과 같은 동작을 한다. 마찬가지로 NOR는 NOT-OR를 의미하고, OR 게이트와 NOT 게이트를 직렬로 연결한 것과 같다. 따라서 NAND 게이트는 AND 게이트의 심볼 출력에 인버터를 의미하는 동그라미(bubble)를 붙여서 표시하고, NOR 게이트는 OR 게이트의 출력에 동그라미를 붙여서 나타낸다.

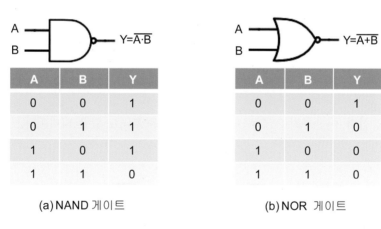

(a) NAND 게이트   (b) NOR 게이트

[그림 1-7] NAND 게이트와 NOR 게이트의 심볼 및 진리표

- NAND 게이트의 출력은 모든 입력이 1일 때 0이 되고, 기타 조합에 대해서는 1이 된다.
- NOR 게이트의 출력은 모든 입력이 0일 때 1이 되고, 기타 조합에 대해서는 0이 된다.

1.6 논리 레벨(Logic Levels)

디지털 시스템은 모든 신호를 0과 1의 비트열로 표현한다. 그럼 전원 전압이 5V일 때 3.8V는 논리적으로 1(HIGH)일까? 아니면 0(LOW)일까? 중간값인 2.5V는 어떻게 될까?

[그림 1-8]과 같이 게이트의 입출력 포트의 논리 전압 레벨을 어떤 범위에서 사용해야 하는지가 사양서에 정의되어 있다. 예를 들면 V_{OL}=0.5V, V_{OH}=2.7V, V_{IL}=0.8V, V_{IH}=2.0V 이런 식이다. V_{IH}가 2V이므로 입력 전압이 2V 이상일 경우 게이트는 입력을 HIGH로 인식한다. 즉 2.5V와 3.8V의 입력 모두 HIGH, 즉 1로 인식된다. 그럼 출력의 경우는 어떨까? 주어진 사양대로 해석하면, 게이트의 출력 전압은 HIGH일 때 2.7V 이상이 출력되고, LOW일 때는 0.5V 이하가 출력된다. 즉 3.8V의 출력은 드라이버가 HIGH를 출력했다고 할 수 있지만, 2.5V가 출력되면 이 값이 HIGH인지 LOW인지 확실히 알 수가 없다.

보통 게이트의 출력 전압은 다른 게이트의 입력으로 인가된다. 따라서 신호가 전송되면서 V_{OH}-V_{IH} 만큼의 잡음이 중첩되더라도 게이트는 정상적으로 동작할 수 있다. 이렇게 잡음이 추가되더라도 정상 동작할 수 있는 전압의 차이 NM_H를 잡음 여유(noise margin)라고 한다. 마찬가지로 LOW 레벨의 잡음 여유 NM_L도 같은 의미이다.

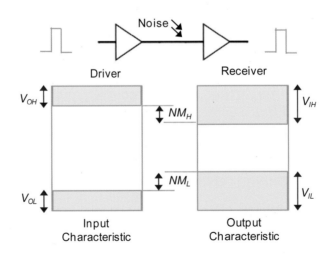

[그림 1-8] 논리 레벨

오버클럭킹(overclocking)은 컴퓨터 프로세서가 제조업체에 의해 설계된 것보다 강제로 더 높은 클럭 속도로 동작할 수 있게 하는 것을 말한다. 흔히 컴퓨터 애호가들이 컴퓨터 성능을 높이기 위해 기본 동작 클럭 주파수보다 높은 클럭을 사용한다. Overclocking을 하면 컴퓨터의 성능을 올릴 수 있지만, 일반적으로 제조업체가 권장하는 것은 아니다. 이러한 Overclocking은 여기서 설명한 잡음 여유 때문에 가능하다. 회로를 설계할 때, 우리는 항상 잡음 여유를 가져간다. CPU의 제작 과정을 간단하게 살펴보더라도, 프로세서는 게이트를 연결하여 구성되며, 게이트는 트랜지스터를 이용하여 구현되고, 트랜지스터는 웨이퍼에 제작되는 여러 단계를 거치게 된다. 이런 과정마다 여유를 가지고 있다고 하면, 최종 결과물인 프로세서는 얼마나 많은 여유를 가지고 있을까? 이 여유가 오버클럭킹을 가능하게 한다.

한 게이트의 출력이 다른 게이트의 입력들에 연결되어 디지털 회로가 구현된다. 이때 출력에 연결된 입력들은 출력 게이트의 부하(load)가 되며, 너무 많은 게이트의 입력이 연결되면 게이트의 출력이 너무 많은 부하를 제대로 구동하지 못해 회로가 정상적으로 동작하지 않는다. 게이트가 정상적인 동작을 유지하는 범위 내에서 최대로 연결할 수 있는 표준 부하의 수를 팬아웃(fan-out)이라고 한다.

1.7 CMOS

CMOS(Complementary metal - oxide - semiconductor)는 p타입 MOS 트랜지스터(pMOS)와 n타입 트랜지스터(nMOS)를 상보적으로(complementary) 사용하여 설계하는 반도체이다. 대부분의 디지털 시스템은 CMOS를 이용하여 제작된다.

[그림 1-9]는 pMOS와 nMOS의 심볼을 나타낸다. MOS 트랜지스터는 gate(G), drain(D), source(S) 3개의 단자를 가지고 있다. 디지털 시스템에서는 단순하게 gate의 값에 따라 닫힘(ON) 과 열림(OFF) 이 되는 스위치라고 생각하면 된다. nMOS 트랜지스터의 경우 gate가 1일 때 ON 되고, gate가 0일 때, OFF 된다. 반대로 pMOS 트랜지스터의 경

우 gate가 0일 때 ON 되고, gate가 1일 때 OFF가 된다. 디지털 CMOS 회로에서는 pMOS와 nMOS를 구별하는 소스의 화살표를 생략하고 pMOS의 게이트에 동그라미만 붙여 사용한다.

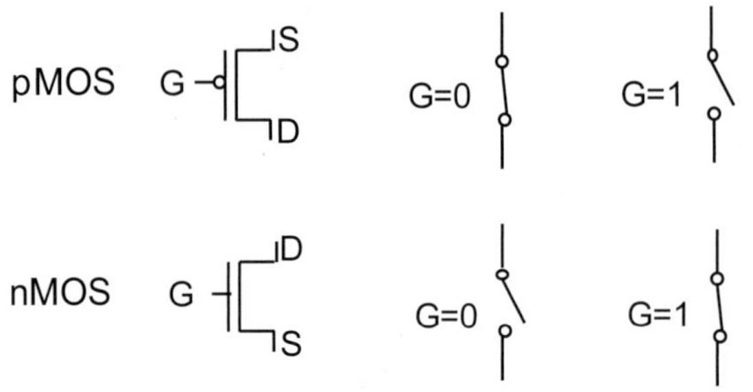

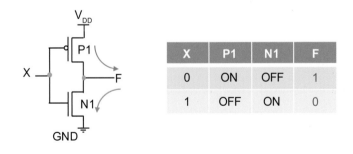

[그림 1-9] nMOS 와 pMOS 트랜지스터

[그림 1-10]은 CMOS로 구현된 인버터 회로이다. 입력이 두 트랜지스터의 게이트에 공통으로 인가되고 출력은 두 트랜지스터의 drain이 연결된 노드에서 나온다. 입력이 LOW이면 N1은 OFF 되고, P1은 ON 된다. 이때 P1의 전류는 출력 단자를 통하여 외부로 흘러나가 출력 커패시터(C_0)를 충전하므로 출력이 HIGH가 된다. 반대로 입력이 HIGH이면 N1이 ON 되고, P1은 OFF 된다. 이때 N1의 전류는 충전 전하를 방전시켜 출력이 LOW가 된다.

X	P1	N1	F
0	ON	OFF	1
1	OFF	ON	0

[그림 1-10] CMOS 인버터

CMOS 게이트는 출력 커패시턴스를 충전하여 출력이 HIGH가 되게 하는 pMOS로 이루어진 스위치 네트워크와, 출력 커패시터를 방전 시켜 출력이 LOW가 되게 하는 nMOS

네트워크를 같이 구성하여 설계한다. 이때 nMOS 네트워크와 pMOS 네트워크는 서로 상보적(complementary) 관계이다.

X	Y	N1	P1	N2	P2	F
0	0	OFF	ON	OFF	ON	1
0	1	OFF	ON	ON	OFF	1
1	0	ON	OFF	OFF	ON	1
1	1	ON	OFF	ON	OFF	0

[그림 1-11] CMOS NAND 게이트

[그림 1-11]은 2입력 CMOS NAND 게이트의 회로와 동작이다. 2개의 pMOS가 병렬로, 2개의 nMOS가 직렬로 연결되어 있으며, drain이 연결된 노드가 출력이다. 어느 쪽 입력이든 LOW이면 직렬로 연결된 nMOS 네트워크가 OFF 되고, 병렬로 연결된 pMOS 네트워크가 ON 되어 출력은 HIGH가 된다. 또 모든 입력이 HIGH이면 모든 pMOS는 OFF되고, 모든 nMOS는 ON 되어 출력이 LOW가 된다.

연습으로 2입력 NOR 게이트를 CMOS를 이용하여 각자 설계하고, 그 동작을 확인해 보자. 또한, NAND 게이트 회로와 비교해 보자.

CMOS 게이트는 상태가 변하지 않을 때와 출력이 HIGH에서 LOW로 변할 때 전력을 소비하지 않는다. 출력이 LOW에서 HIGH로 변하는 짧은 시간 동안만 출력 커패시터에 충전 전류가 흐른다. 따라서 CMOS 게이트의 소비전력은 매우 적어 VLSI 구현에 적합하다. 출력 전압이 LOW에서 HIGH로 변할 때마다 전원은 C_0에 $QV_{DD}=C_0V_{DD}^2$의 에너지를 공급한다. 매초 f번 스위칭이 일어난다고 하면 CMOS의 dynamic 전력 소비 P_D는 $1/2C_0V_{DD}^2f$가 된다. CMOS 회로의 전력 소비를 줄이기 위해서는 입력전압 V_{DD}를 낮게 하고 C_0를 적게 해야 한다. 또한, 동작 주파수를 낮게 하여도 된다.

우리가 사용하는 컴퓨터의 프로세서는 CMOS로 제작되었으며, 전력 소모를 줄이기 위해 외부 환경 및 주어진 작업의 양을 고려하여 동작 전원뿐만 아니라 동작 주파수도 동적으로 조절한다. 이것을 DVFS(dynamic voltage and frequency scaling)이라고 하며, 다수의 프로세서가 이 기능을 지원하고 있다. 여러분이 사용하는 노트북의 팬이 돌아가기 시작했을 때 컴퓨터가 어떤 작업을 하고 있었는지 생각해 보자.

1.8 FPGA와 ASIC

FPGA(Field Programmable Gate Array)는 프로그래밍 가능한 논리 소자와 내부 연결선을 포함하고 있는 반도체 칩이다. 프로그래밍 가능한 논리 요소는 AND, OR, NAND, XOR, NOT 등의 논리 게이트들이며, 데이터 저장을 위한 블록으로 플립플롭이나 메모리를 내장하고 있다. FPGA는 재구성(reconfigurable)이 가능하여 디지털 회로 설계자들이 시제품을 개발하는 용도로 편리하게 사용할 수 있다. 또한, FPGA 자체에 디지털 하드웨어 디자인을 탑재하여 제품을 양산하기도 한다.

FPGA의 근원은 1980년대 초의 CPLD(Complex Programmable Logic Device)이며, 자이링스의 공동 창립자인 로스 프리맨(Ross Freeman)은 1984년에 FPGA를 발명하였다. FPGA는 CPLD보다 상대적으로 프로그래밍할 수 있는 논리 요소가 많아서 최근에는 FPGA가 일반적으로 사용된다. 인텔(2015년 알테라를 인수함)과 자이링스는 두 개의 큰 FPGA 선도 회사이며 래티스, 액텔, 아트멜 등의 FPGA 제조사도 특화된 FPGA를 제조하고 있다. 본 교재에서의 실습 내용은 인텔 FPGA를 사용하여 기술되었으나, FPGA를 이용한 디지털 회로 구현 방법은 동일하므로 특정 제조사에 종속될 필요는 없다.

ASIC(Application Specific Integrated Circuit)은 우리가 흔히 칩이라 부르는 특정 용도를 위해 제조되는 반도체이다. 예를 들면 프로세서, 디지털 TV용 디스플레이 컨트롤러, 통신용 모뎀, 인공지능 프로세서 등 일상생활에서 접하는 전자제품은 대부분 다수의 ASIC을 사용하여 구현된다. 반도체 기술은 계속 발전하고 있으며, 단일 칩에 집적할 수 있는 트랜지스터의 수도 급속하게 증가하고 있다. 이러한 집적 기술의 발전은 특정 기능의 칩을 제작하는 것을 넘어서, 특정 시스템을 하나의 단일 칩에 제조하는 것을 가능하게 하였다. 이렇게 단일 칩에 시스템을 구현한 반도체를 SoC(System on Chip)이라 한다. 일반적으로 SoC는 내부에 하나 이상의 프로세서와 통신, 영상, 음성 등을 처리하는 디지털 회로 뿐만 아니라 아날로그 회로 또한 포함하여 하나의 칩으로 응용 시스템 구현을 가능하게 한다. 대표적으로 스마트폰에 내장되는 퀄컴의 스냅드래곤, 삼성의 엑시노스, 애플의 A 시리즈 프로세서를 예로 들 수 있다. 이렇게 스마트 기기에 사용되는 프로세서를 AP(Application Processor)라고 부르기도 한다. 최근 인공지능 기술이 재조명되면서, 이를 연산할 수 있는 인공지능 프로세서의 개발이 활발히 진행되고 있다. 이러한 모든 특정 용도의 반도체를 ASIC이라고 부른다. 매년 성능이 향상되고, 데이터 저장 공간이 늘어나는 여러분의 스마트폰을 생각해 보면 반도체의 발전이 얼마나 빠르게 진행되고 있는지 체감할 수 있을 것이다.

외부 업체가 설계한 ASIC을 위탁받아 생산 및 공급하는, 즉 반도체를 제조하는 공장을 가진 전문 생산업체를 파운드리(fab. 또는 foundry)라고 한다. 반대로 공장이 없이 파운드리에 위탁생산을 맡기는 회사를 팹리스(fabless) 기업이라 한다. 대표적인 파운드리는 TSMC, 글로벌파운드리(GF), 하이닉스, 동부하이텍 등이 있다. 팹리스 기업은 반도체의 설계와 판매를 전문으로 하는 회사로 퀄컴, 브로드컴, 엔비디아 등 반도체를 설계하는 대부분의 기업이 팹리스이다. 인텔, 삼성전자, TI, Atmel 등과 같이 설계와 제조를 모두 하는 종합 반도체 기업도 있다.

전통적으로 FPGA는 제조 비용이 비싸고 시간이 오래 걸리는 ASIC 제조 전에 설계한 회로의 기능을 검증하기 위하여 주로 사용되었다. 물론 특정 소량 생산 및 고가의 응용 제품에 대해서는 FPGA 또는 CPLD를 이용하여 제품 양산이 이루어지기도 하였다. IT 기술은 계속 발전하고 있으며, 단일 칩에 집적하고자 하는 기능은 기하급수적으로 늘어나고 있다. 이러한 기능을 FPGA를 이용하여 검증하는 것은 불가능할 뿐만 아니라 가능하더라도 고가의 FPGA를 이용하여 검증하여야 한다. 또한, 지속적인 반도체 공정 기술의 발전으로 새로운 공정이 개발되면서 상대적으로 예전에 사용되던 공정의 제조 비용이 줄어들고 있다.

이에, 최근에는 FPGA를 이용한 기능 검증을 하지 않고 바로 ASIC으로 제조하는 방법이 자리 잡고 있다. 20여 년 전 저자가 개발하고자 하는 반도체의 특성상 FPGA 검증을 건너뛰고 바로 반도체로 제조하였을 때, 많은 우려의 조언을 들었던 기억이 있다. 물론 그 기능을 확실하게 검증하기 위해 시스템을 모델링하고 설계한 회로를 검증하는 데 많은 노력을 기울여서 제조한 칩은 성공적으로 동작하였다. 이렇게 FPGA와 ASIC은 디지털 시스템을 구현하는 방법으로 각각 사용되고 있었으나, 2015년 범용 프로세서 제조회사인 인텔이 대표적인 FPGA 제조회사인 알테라를 인수함으로써 프로세서와 FPGA가 단일 칩에 집적되어 프로세서는 일반적인 연산을 수행하고, 특정 용도의 신호 처리는 FPGA가 수행하도록 하는(이것을 하드웨어 가속기라고 한다) 방식으로 변화하고 있다.

02

Verilog HDL

부울 대수(Boolean Algebra)

CHAPTER 02 // 부울 대수(Boolean Algebra)

2.1 공리 (Axiom)

부울 대수(Boolean Algebra)는 1854년 영국 수학자 George Boole에 의해 창시되어 디지털 회로 해석에 주로 사용된다. 보통의 대수학이나 기하학에서 처럼 Boolean Algebra도 일련의 공리(Axiom)을 전제로 하며, 이것을 토대로 하여 유용한 정리(Theorem)을 유도하여 사용한다.

Axiom은 우리가 진리라고 가정하는 기본 정의의 최소 집합이다. Boolean Algebra는 다음의 10개 공리를 기본 정의로 하며 증명하지 않는 진리이다.

	Axiom	Dual
A1	X ≠ 1 이면 X = 0	X ≠ 0 이면 X = 1
A2	0·0 = 0	1+1 = 1
A3	0·1 = 1·0 = 0	1+0 = 0+1 = 1
A4	1·1 = 1	0+0 = 0
A5	$\overline{0}=1$	$\overline{1}=0$

A1은 논리변수 X가 논리값 0, 1 중 하나를 가진다는 의미이다. '•'는 AND 연산(logical product)을 나타내고, '+'는 OR 연산(logical sum)을 나타내며, '¯' 또는 '''는 NOT 연산 (negation)을 나타낸다. 위 공리의 좌우 한 쌍에서 0과 1을 서로 바꾸고 '•'와 '+'를 서로 바꾸면 다른 쪽과 같아진다. 이 성질을 쌍대성(duality)라고 하며, 한쪽을 다른 쪽의 쌍대 (dual)라고 한다.

2.2 정리(Theorem)

Axiom으로부터 다음과 같은 정리(Theorem)를 유도할 수 있다. Theorem은 Axiom을 이용하여 증명한다.

	Theorem	Dual
T1	X·0=0	X+1=1
T2	X·1=X	X+0=X
T3	X·X=X	X+X=X
T4	X·X̄=0	X̄+X=1
T5	X̿=X	

정리 1~5까지는 1 변수에 관한 정리이며, 각각 정리를 게이트를 이용해서 나타내면 다음과 같다.

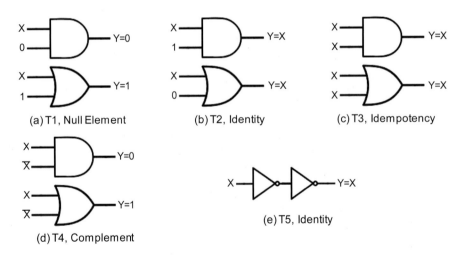

(a) T1, Null Element
(b) T2, Identity
(c) T3, Idempotency
(d) T4, Complement
(e) T5, Identity

[그림 2-1] 게이트를 이용한 정리 1~5

- AND 게이트에 적어도 하나의 0이 입력되면 출력은 0이다. OR 게이트에 적어도 하나의 1이 입력되면 출력은 1이다. (Null Element Theorem)
- AND 게이트에 1과 X가 입력되면 출력은 X이다. OR 게이트에 0과 X가 입력되면 출

력은 X와 같다. (Identity Theorem)

- AND 게이트와 OR 게이트에 모두 같은 입력이 인가되면, 출력은 입력값과 같다. (Idempotency Theorem)

- AND 게이트에 입력 X와 X의 반전값이 인가되면 출력은 0이다. OR 게이트에 X와 X의 반전값이 입력되면 출력은 1이다. (Complement Theorem)

- 어떤 입력이 NOT 게이트를 두 번 거치면 출력은 입력값과 같다. (Identity Theorem)

정리 6~10은 Boolean Algebra에서 유용하게 사용되는 Theorem이다. 우리가 익숙하게 사용하던 수학의 정리들이다. 그러나 일반 수학에서 성립하지 않는데 Boolean Algebra에서만 성립하는 법칙도 있다. 예를 들면 정리 8의 쌍대식인 $X+(YZ)=(X+Y)(X+Z)$의 경우 일반적으로 사용하는 수학에서 성립하지 않지만, 0과 1만을 사용하는 Boolean Algebra에서는 성립한다.

공리와 같이 각각의 정리는 쌍대성(duality)이 성립한다. 즉 어떤 논리적 항등식이 성립하면 그 쌍대식(dual)도 성립한다.

	Theorem	Dual
T6	$X \cdot Y = Y \cdot X$	$X+Y=Y+X$
T7	$X \cdot (Y \cdot Z)=(X \cdot Y) \cdot Z$	$X+(Y+Z)=(X+Y)+Z$
T8	$X \cdot (Y+Z)=X \cdot Y+X \cdot Z$	$X+(Y \cdot Z)=(X+Y) \cdot (X+Z)$
T9	$\overline{X+Y}=\overline{X} \cdot \overline{Y}$	$\overline{X \cdot Y}=\overline{X}+\overline{Y}$
T10	$XY+\overline{X}Z+YZ=XY+\overline{X}Z$	$(X+Y)(\overline{X}+Z)(Y+Z)=(X+Y)(\overline{X}+Z)$

Boolean Algebra에서는 명백한 경우 AND의 기호인 '•'와 괄호를 생략할 수 있다. 논리식에서의 연산 순서는 단일 변수의 부정(NOT), 논리곱(AND), 논리합(+)의 순서로 한다. 이것은 보통의 수학에서의 순서와 같으며, 괄호는 먼저 연산한다.

2.3 드모르간 정리(DeMorgan Theorem)

정리 9는 논리회로 해석에 자주 사용되는 드모르간 정리(DeMorgan Theorem)이다. 임의의 논리 함수의 부정은 모든 변수를 부정으로 바꾸고, 모든 OR을 AND로, 모든 AND를 OR로 바꾸면 된다는 뜻이다.

먼저 DeMorgan 정리를 증명하기 위하여 진리표를 작성하면 다음과 같다. Boolean Algebra에서는 모든 가능한 입력에 대하여 출력을 나타내는 진리표를 작성하여 그 값이 같음을 보임으로써 논리식(Boolean Equation)이 성립함을 증명할 수 있다.

A	B	$\overline{A \cdot B}$	$\overline{A}$	$\overline{B}$	$\overline{A} + \overline{B}$
0	0	1	1	1	1
0	1	1	1	0	1
1	0	1	0	1	1
1	1	0	0	0	0

두 개의 수 A, B에 대하여 가능한 모든 입력 조합 4가지에 대해 $(AB)'$과 $A'+B'$의 모든 결괏값이 일치하여 정리 9가 성립함을 알 수 있다. 정리 9에서의 쌍대식을 진리표를 이용하여 증명해 보도록 하자.

[그림 2-2]는 NAND 게이트와 NOR 게이트에 적용한 드모르간 정리를 나타낸다. 논리회로에서의 버블은 NOT 게이트를 의미한다. 즉 NAND 게이트의 출력에 있는 버블을 입력의 각각에 옮기고 동시에 AND 게이트를 OR 게이트로 바꾸면 같은 게이트가 된다. 반대로 OR 게이트의 각 입력에 위치한 모든 버블을 출력에 옮기고 OR 게이트를 AND 게이트로 바꾸어도 된다. 같은 방법으로, NOR 게이트의 출력 측에 있는 버블을 각각의 입력으로 옮기고 동시에 OR 게이트를 AND 게이트로 바꾸어도 된다. 이와 같이 드모르간 정리는 출력에 있는 버블을 입력으로 보내기 때문에 버블 푸싱(Bubble Pushing)이라고도 하며, 등가회로로 변환할 때 유용하게 사용된다. 버블 두 개가 만나면 버블이 커지는 것이 아니라, 정리 5에 의해서 버블이 터져서 없어진다.

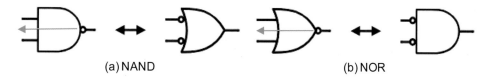

(a) NAND   (b) NOR

[그림 2-2] 드모르간 정리를 적용한 NAND 게이트와 NOR 게이트

이와 같이 DeMorgan의 정리를 이용하면 다른 모든 게이트를 등가적으로 NAND 게이트 만으로 또는 NOR 게이트만으로 표현할 수 있다. 따라서 NAND 게이트와 NOR 게이트를 Functionally Complete 하다고 말한다. 또한, 일반적으로 게이트들이 CMOS(Complementary Metal-Oxide Semiconductor)를 이용하여 구현되는데, AND/OR 게이트는 NAND/NOR 게이트 에 NOT 게이트를 직렬로 연결하여 설계된다. 즉 NAND/NOR 게이트의 동작 속도가 AND/ OR 게이트 보다 게이트의 지연 시간(delay)이 짧다. NAND 게이트는 IC화에 유리하고, 또 여 러 개의 동일 NAND 게이트가 하나의 패키지 속에 들어 있으므로, 버블 푸싱을 이용하면 회로 구현에 있어서 IC 패키지의 수를 줄일 수 있는 장점이 있다. 예를 들면 7400 IC는 2입 력 NAND 게이트가 하나의 패키지에 4개, 7420은 4입력 NAND 게이트가 2개 들어 있다. [그림 2-3]은 NAND 게이트를 이용하여 다른 게이트를 표현한 예이다.

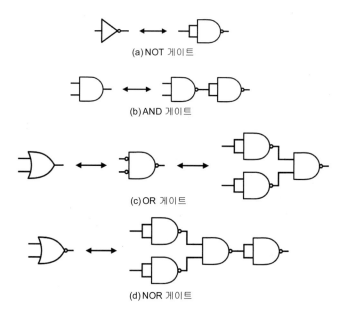

(a) NOT 게이트

(b) AND 게이트

(c) OR 게이트

(d) NOR 게이트

[그림 2-3] NAND 게이트를 이용한 다른 게이트의 표현

2.4 논리식(Boolean Equation)

논리회로에서 입출력의 관계를 표현하는 확실한 방법은 진리표를 이용하여 모든 입력 조합에 대한 출력값을 정의하는 것이다. 주어진 논리회로에 대하여 진리표는 유일하게 정의되지만, 입출력의 함수 관계를 나타내는 논리식은 여러 가지가 있을 수 있다. 또한, Boolean Algebra를 이용하여 논리식의 연산을 하고, 간소화 등의 변형을 할 수 있다.

실제 회로 설계에 Boolean Algebra를 적용하려면, 먼저 우리가 설계하고자 하는 디지털 시스템을 논리식으로 표현할 수 있어야 한다. 이러한 논리식 중에서 본 절에서 설명하는 SOP(sum of product)와 POS(product of sum)의 형식을 표준(standard) 논리식이라고 한다.

2.4.1 SOP(Sum of Product)

먼저 몇 개의 변수에 대하여 최소항(minterm)을 정의한다. Minterm은 모든 변수와 변수의 부정을 한 번씩 포함하는 논리곱이다. 예를 들면 두 변수 A, B에 대한 minterm은 AB, $A'B$, AB', $A'B'$의 4개이다.

A B C	m_0 $\overline{A}\overline{B}\overline{C}$	m_1 $\overline{A}\overline{B}C$	m_2 $\overline{A}B\overline{C}$	m_3 $\overline{A}BC$	m_4 $A\overline{B}\overline{C}$	m_5 $A\overline{B}C$	m_6 $AB\overline{C}$	m_7 ABC
0 0 0	1	0	0	0	0	0	0	0
0 0 1	0	1	0	0	0	0	0	0
0 1 0	0	0	1	0	0	0	0	0
0 1 1	0	0	0	1	0	0	0	0
1 0 0	0	0	0	0	1	0	0	0
1 0 1	0	0	0	0	0	1	0	0
1 1 0	0	0	0	0	0	0	1	0
1 1 1	0	0	0	0	0	0	0	1

[그림 2-4] 3변수의 minterm

[그림 2-4]는 *A, B, C* 세 개의 변수에 대한 8개의 minterm(m_0 ~ m_7)을 나타낸다. 세 개의 변수가 입력이라고 하였을 때, 가능한 입력 조합은 좌측에 보인 바와 같이 8가지이다. 이 입력을 각 minterm에 인가하면 대각선으로 하나만 1이 되고 나머지는 모두 0이 된다. 예를 들면 minterm m_0(*A'B'C*)는 *A, B, C*가 000인 경우만 1이 되고 나머지는 0이 된다. 마찬가지로 minterm m_3(*A'BC*)는 *A, B, C*가 011인 경우만 1이 되고 나머지는 0이 된다. 즉 진리표가 주어졌을 때, 출력이 1이 되는 모든 minterm의 합으로 논리식을 표현할 수 있다. Minterm은 literal들의 논리곱이고, 전체 논리식은 minterm의 논리합으로 표현되므로 SOP(sum of product)라고 한다.

2.4.2 POS(Product of Sum)

먼저 변수에 대한 최대항(Maxterm)을 정의한다. Maxterm은 고려하는 모든 변수 또는 변수의 부정을 한 번씩 포함하는 논리합이다. 예를 들면 두 변수 A, B에 대한 maxterm은 *A+B*, *A+B'*, *A'+B*, *A'+B'*의 4개이다.

A B C	M_0 A+B+C	M_1 A+B+C̄	M_2 A+B̄+C	M_3 A+B̄+C̄	M_4 Ā+B+C	M_5 Ā+B+C̄	M_6 Ā+B̄+C	M_7 Ā+B̄+C̄
0 0 0	0	1	1	1	1	1	1	1
0 0 1	1	0	1	1	1	1	1	1
0 1 0	1	1	0	1	1	1	1	1
0 1 1	1	1	1	0	1	1	1	1
1 0 0	1	1	1	1	0	1	1	1
1 0 1	1	1	1	1	1	0	1	1
1 1 0	1	1	1	1	1	1	0	1
1 1 1	1	1	1	1	1	1	1	0

[그림 2-5] 3변수의 maxterm

[그림 2-5]는 A, B, C 세 개의 변수에 대한 8개의 Maxterm($M_0 \sim M_7$)을 나타낸다. 세 개의 변수가 입력이라고 하였을 때, 가능한 입력 조합은 좌측에 보인 바와 같이 8가지이다. 이 입력을 각 maxterm에 인가하면 대각선으로 하나만 0이 되고 나머지는 모두 1이 된다. 예를 들면 maxterm $M_0(A+B+C)$는 A, B, C가 000인 경우만 0이 되고 나머지는 1이 된다. 마찬가지로 maxterm $m_3(A+B'+C')$는 A, B, C가 011인 경우만 0이 되고 나머지는 1이 된다. 즉 진리표가 주어졌을 때, 출력이 0이 되는 모든 maxterm의 합으로 논리식을 표현할 수 있다. maxterm은 literal들의 논리합이고, 전체 논리식은 maxterm의 논리곱으로 표현되므로 POS(product of sum)라고 한다.

[예제 2-1] 서연이는 좋아하는 블루베리를 사러 과일가게에 갔다. 과일가게가 문을 열었으며 블루베리를 팔고 있을 때 블루베리를 살 수 있다. 서연이가 블루베리를 살 수 있는지를 논리식으로 표현하시오.

먼저 논리식으로 나타내기 전에, 각각 변수(회로의 경우는 입출력)를 결정해야 한다. 출력은 "블루베리를 살 수 있는가?"이다. 출력을 S(Success)로 하고, 1일 때 블루베리를 살 수 있고, 0일 때는 살 수 없는 것으로 하자.

입력은 "과일가게가 문을 열었는가?"와 "블루베리를 팔고 있는가?" 두 개의 입력이 있다. 먼저 입력 O(Open)은 0일 때 과일가게가 문을 닫은 것을 의미한다고 정의하자. 두 번째 입력 B(Blueberry)는 1일 때 블루베리를 판매하고 있는 것으로 정의하자.

O	B	minterm	S
0	0	$\overline{O}\,\overline{B}$	0
0	1	$\overline{O}B$	0
1	0	$O\overline{B}$	0
1	1	OB	1

S=OB

O	B	Maxterm	S
0	0	$O+B$	0
0	1	$O+\overline{B}$	0
1	0	$\overline{O}+B$	0
1	1	$\overline{O}+\overline{B}$	1

$S=(O+B)(O+\overline{B})(\overline{O}+B)$

[그림 2-6] SOP와 POS 예제

[그림 2-6]과 같이 진리표를 작성하고, SOP으로 표현하고자 할 때에는 출력값이 1인 minterm의 합으로 논리식을 표현한다. POS의 경우, 출력값이 0인 maxterm의 곱으로 논리식을 표현한다. 예제로부터 각각 어떤 상황에 SOP와 POS를 사용해야 할지 생각해 보자.

2.5 카노맵(Karnaugh Map)

논리식을 회로로 구현할 때는 설계 사양을 고려하여 최적의 논리식을 찾아야 한다. 고려해야 하는 설계 사양은 구현된 회로의 동작 속도, 가격, 또는 설계에 소요되는 시간 등이 될 수 있다. 고속 동작을 위해서는 입력이 출력에 도달하기까지 통과하는 게이트의 개수가 적어야 한다. 디지털 신호는 게이트를 지날 때마다 전파지연(propagation delay)가 생기기 때문이다. 가격 절감을 위해서는 게이트의 수를 줄여야 한다. 게이트의 수가 늘어나면 게이트를 구현하기 위한 트랜지스터의 개수가 증가하고, 결과적으로 실리콘에서 해당 회로의 크기를 크게 하여 가격 경쟁력을 낮추기 때문이다. 특히 설계에 소요되는 시간을 줄임으로써, 디지털 회로 설계 엔지니어의 인건비를 줄일 수 있다. 또한, 새로운 아이디어를 제품으로 출시하고 시장을 선점하기 위해서도 설계 및 구현에 소요되는 시간을 단축해야 한다. 디지털 회로는 대부분 반도체의 형태로 구현되며, 반도체 설계는 고급 엔지니어를 필요로 하여 인건비가 많은 비중을 차지한다.

[예제 2-2] 다음의 논리 함수를 Boolean Algebra를 이용하여 간소화하고, 대응하는 회로도를 게이트를 사용하여 그리시오.

$$F(X, Y, Z) = X'YZ + X'YZ' + XZ$$

[풀이]

$$F = X'YZ+X'YZ'+XZ$$
$$=X'Y(Z+Z')+XZ(T8)$$
$$=X'Y \cdot 1+XZ(T4)$$
$$=X'Y+XZ(T2)$$

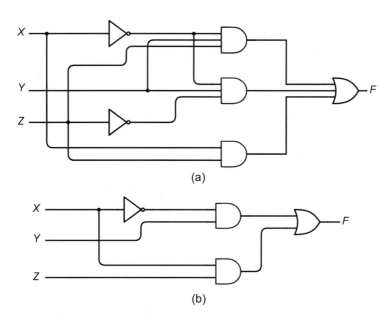

(a)

(b)

[그림 2-7] 간소화 전후의 논리식 구현 회로

[예제 2-2]의 논리식을 간소화하기 전과 후를 회로도로 표현하면 [그림 2-7]과 같다. 간소화하기 전에는 3개의 3입력 게이트, 1개의 2입력 게이트, 그리고 2개의 NOT 게이트를 포함하여 총 6개의 게이트로 회로가 구현된다. 회로를 간소화한 후에는 3개의 2입력 게이트와 1개의 NOT 게이트로 같은 논리식을 회로로 구현할 수 있다. 즉 훨씬 작은 크기로 회로를 구현할 수 있다. Boolean Algebra를 이용하면 이처럼 논리 함수를 간단히 할 수 있다. 간소화한 논리식이 항상 최적의 간단한 회로로 구현된다는 보장은 없지만, 일반적으로 논리식을 간소화하면 예제와 같이 게이트의 수가 줄어든다.

논리식을 간소화하는 것은 항의 수와 항을 구성하는 literal의 수를 최소로 하는 것을 목표로 한다. 간소화된 논리식은 구현된 회로의 게이트 수와 게이트의 입력 수가 최소가

되고, 때로는 논리 레벨의 수가 줄어들기도 한다. 논리식을 간소화하기 위해서는 이리저리 머리를 쓰면서 예제에서와 같이 Boolean Algebra의 정리를 적절히 적용할 수 있어야 한다. 그러나 입력의 개수가 늘어날수록 논리식이 복잡해지고, 이를 Boolean Algebra를 적용해서 간소화하는 것은 생각보다 쉽지 않다. 어렵게 간소화하였을 때에도 실수를 하여 원래 논리식과 같지 않은 논리식을 얻을 수도 있는 위험 또한 도사리고 있다.

카노맵(Karnaugh Map)은 직관적인 방법으로 논리식을 간소화할 수 있는 방법이다. 일반적으로 입력이 4개까지의 논리식을 간소화하는데 쉽게 적용된다. 8장 실습에서는 입력이 5개인 논리식을 간단히 하는데 사용한다.

[예제 2-3] 다음 논리식을 간소화하시오.

$$F = XY' + XY$$

[풀이]

$$F = XY' + XY$$
$$= X(Y + Y')$$
$$= X \cdot 1$$
$$= X$$

[예제 2-3]을 카노맵으로 나타내면 [그림 2-8]과 같다. 2변수에 대한 카노맵은 좌측에 X의 0과 1의 순서로, 또 위쪽에 Y의 0과 1의 순서로 적는다. 이렇게 4개의 셀을 만들면 각 셀은 2변수로 된 모든 최소항(implicant)에 1대 1로 대응된다. 진리표를 보고 출력(F)가 1이 되는 셀에 1을 기입한다. 카노맵은 인접한 셀이 한 비트씩 다르게 할당함으로써, $XY' + XY = X(Y + Y') = X$의 정리를 이용하여 식을 간소화하는 방법이다. 즉 두 인접한 셀을 한 그룹으로 묶어서 간소화한다. 1+1=1이므로, 중복을 허용하면서 모든 1이 다 포함되도록 반복하면 논리식을 간단히 나타낼 수 있다. 최대한 크게 묶으면 항을 구성하는 literal의 수를 최소화할 수 있으며, 이렇게 얻어진 implicant를 prime implicant라 한다.

Boolean Algebra를 이용하면 유용한 정리들을 적절히 적용하기 위하여 머리를 써야한다. 또한, 경우에 따라서는 최적화되지 않거나 결괏값이 다른 논리식으로 나타내는 실수를 할 수도 있다. 그러나 카노맵을 이용하면 거의 기계적인 방법으로 논리식을 간소화할 수 있으며, 실수를 줄일 수 있다.

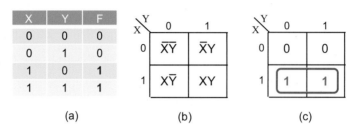

(a)　　　　　　　　(b)　　　　　　　　(c)

[그림 2-8] 2변수 카노맵 예제

[예제 2-4] 다음 논리식을 간소화하시오.

$$F = X'Y'Z+XY'Z+X'YZ+XYZ+XY'Z'$$

[풀이]

$$F = X'Y'Z+XY'Z+X'YZ+XYZ+XY'Z'$$
$$= Y'Z(X'+X)+YZ(X'+X)+XY'(Z+Z')$$
$$= Y'Z+YZ+XY'$$
$$= Z(Y'+Y)+XY'$$
$$= Z+XY'$$

[예제 2-4]를 진리표와 카노맵으로 나타내면 [그림 2-9]와 같다. 3변수에 대한 8개의 각 셀을 만들면, 각 셀에 대응하는 implicant는 [그림 2-9(b)]와 같다. 좌측에는 X의 값을 0과 1의 순서로, 또 위쪽에는 YZ의 값을 00,01,11,10의 순서로 적는다. 인접한 셀에서 하나의 literal만이 다른 값을 갖도록 01 다음에 11을 적는다. 또한, YZ가 00인 셀과 10인

셀은 카노맵에서 떨어져 있지만, 하나의 literal만이 다르기 때문에 논리적으로 인접해 있다고 생각한다.

X	Y	Z	F
0	0	0	0
0	0	1	1
0	1	0	0
0	1	1	1
1	0	0	1
1	0	1	1
1	1	0	0
1	1	1	1

(a)

(b)

X\YZ	00	01	11	10
0	$\overline{X}\overline{Y}\overline{Z}$	$\overline{X}\overline{Y}Z$	$\overline{X}YZ$	$\overline{X}Y\overline{Z}$
1	$X\overline{Y}\overline{Z}$	$X\overline{Y}Z$	XYZ	$XY\overline{Z}$

(c)

X\YZ	00	01	11	10
0	0	1	1	0
1	1	1	1	0

[그림 2-9] 3변수 카노맵 예제

어떤 입력 조합에 대해서는 출력이 0이든 1이든 상관이 없을 경우가 있다. 이것을 don't care 조건이라고 한다.

[그림 2-10]의 논리회로는 두 개의 독립적인 회로 C-1과 C-2로 구성되어 있다. 회로 C-1은 N개의 입력으로부터 3비트의 출력(XYZ)를 결정하는 논리회로이다. 이때 C-1 회로의 특성상 100과111의 값을 절대 출력할 수 없다고 하면, 두 번째 논리회로 C-2는 정상 동작에서 절대 100과 111의 두 입력이 인가되지 않는다. 따라서 두 번째 논리회로 C-2를 구성할 때, 입력 조합 100, 111에 대해서는 don't care로 사용할 수 있다. 정리하면, 절대로 인가될 수 없는 입력 조합에 대해서는 출력값이 0이든 1이든 상관없다. 이러한 상황은 절대 일어나지 않을 테니까. don't care는 카노맵에서 보통 X로 표현하며, 간소화 과정에서 필요하면 이 셀을 1로 간주하여 인접 셀과 그룹으로 묶는다. [그림 2-10]의 예제에서는 입력 조합 111의 경우 1로 간주하여 주황색으로 묶어서 prime implicant를 구한다. 입력 조합 100의 경우는 초록색으로 표시된 인접 셀 110과 함께 묶을 수 있지만, 이미 입력 조합 110이 주황색으로 묶였기 때문에 굳이 don't care인 100을 1로 간주하여 묶을 필요는 없다.

보통 don't care가 있을 때, 카노맵을 이용하여 논리식을 간소화하는 것은 대부분의 학생들이 익숙하고, 또한 don't care를 반가워한다. 그러나 카노맵을 이용해 문제를 푸는 것보다, 이 입력이 왜 don't care일까? 의문을 갖고 실제 시스템 디자인에서 어떤 입력 조합이 don't care가 될 수 있는지 결정할 수 있기를 바란다.

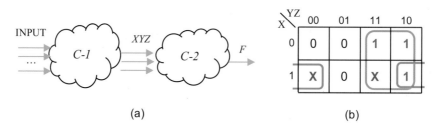

(a)   (b)

[그림 2-10] don't care 조건의 카노맵 예제

진리표를 작성하거나 카노맵에서 don't care 조건을 X로 표현하는데, 디지털 시스템에서는 또 다른 의미로 X가 사용된다. [그림 2-11(a)] 회로를 보자. 두 개의 NOT 게이트 (inverter)의 출력 단자가 연결되어 F의 출력이 결정된다. 위쪽 인버터(INV0)의 입력은 1이므로, 그 출력은 0이 된다. 마찬가지로 아래쪽 인버터(INV1)의 입력은 0이므로, 그 출력은 1이 된다. 그러면 출력 F는 어떤 값을 출력하게 될까? 하나의 인버터는 출력을 0으로 내보내고, 다른 하나의 인버터는 출력을 1로 내보내려 한다. 어떤 값이 출력으로 나올지 알 수 있을까? 이러한 경우 출력 F를 X로 표현하고 unknown 신호라고 한다.

"으르렁! 나는 동물의 왕, 사자다. 어흥! 나는 곶감을 무서워하지 않는 호랑이다!" 사자와 호랑이의 싸움이 시작되었다. "사자와 호랑이가 싸우면 누가 이길까?" 이 질문에 대한 답은 이미 모두들 알고 있을 것이다. 그렇다, 당연히 힘이 센 짐승이 이기게 된다. 다시 회로로 돌아가면, 두 개의 인버터가 각각 다를 출력을 내보내고 있다. 만약 하나의 인버터가 다른 인버터보다 100배 큰 트랜지스터를 사용해서 구현되었다면 결과는 어떨까? 누가 이길지 알지 못하는 싸움을 구경하는 것보다는, 결과를 예측할 수 있는 상황이 더욱 편안하다. [그림 2-11(b)]는 두 인버터 출력을 입력으로 하는 멀티플렉서가 어떤 값을 출력할지 결정하고 있다. 이렇게 설계자가 원하는 출력을 결정할 수 있는 설계가 안전하지 않을까?

다음 장에서 우리는 Verilog HDL이라는 언어를 사용해서 디지털 회로를 설계하게 된다. 그런데 조금만 회로가 복잡해지면 초보자는 "두 개의 드라이버가 하나의 넷을 구동하고 있습니다"라는 메시지를 만나게 될 것이다. 이때 여러분은 사자와 호랑이의 싸움을 생각하면서, 멀티플렉서를 이용하여 그 싸움의 심판이 되도록 하자. 또한, Verilog HDL 시뮬레이션 파형에서 보통 붉은색으로 표시되는 X, 즉 unknown이 있는지 꼭 확인하도록 하자. In to the unknown~~ ahh ahh ahhh~~ Oh my gosh look at your unknown.

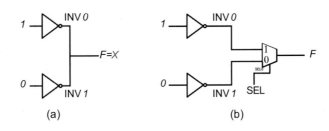

[그림 2-11] 경쟁(Contention)을 의미하는 X

03

Verilog HDL

Verilog HDL

CHAPTER 03 // Verilog HDL

Verilog HDL

3.1 소개(Introduction)

  1990년대, 하드웨어 개발을 위해서는 2장에서 배운 것과 같이 로직 게이트를 이용하여 회로도를 그려야 했다. 수 많은 게이트 회로를 그리고, 그 기능을 검증하고 하면서 디지털 회로를 설계했다.

  2000년 저자가 프로세서를 개발했을 때의 이야기를 해보려 한다. DSP(digital signal processor)를 내장한 통신 반도체를 개발하는데 사용할 수 있는 DSP IP(Intellectual property)가 없었다. 여기서 IP는 재사용 가능한 회로라고 이해하면 된다. 예를 들면 arm(advanced RISC machine)사는 자체 개발한 CPU인 ARM core IP를 팹리스 회사에 제공하고, 이 IP를 이용하여 삼성전자, 퀄컴 등에서 애플리케이션 프로세서(AP)를 개발한다. DSP 회사인 TI(Texas Instruments)나 아날로그 디바이스(Analog Devices) 등은 DSP를 자체 판매하고, IP는 따로 제공하지 않았다. 따라서 DSP 코어를 자체 개발하기로 하고 프로세서 개발 경험이 있는 회사와 협업하기로 하였다. 이미 개발된 신호 처리 프로세서를 기반으로 그 성능을 향상시켜 고성능 DSP를 개발하기로 하였다. 그러나 이미 개발된 프로세서는 모든 회로가 로직 게이트들이 연결된 회로도로 이루어져 있었으며, 이 회로를 분석하는데 많은 시간을 허비해야 했다. 결국, 회로 분석을 포기하고 처음부터 새로운 프로세서를 설계하기로 결정하였다. 이렇게 회로도를 그려 설계하는 것은, 설계 및 검증뿐만 아니라 설계의 재사용에도 많은 어려움이 있다.

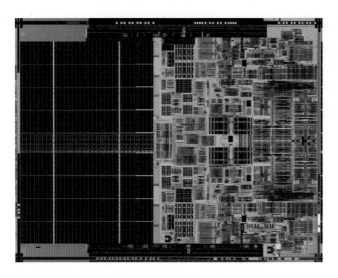

[그림 3-1] 인텔 코어2듀오 프로세서(출처: CPU-World)

[그림 3-1]은 최근 컴퓨터 구조의 발전 중 가장 큰 변화라고 믿고 있는 인텔 코어2듀오 프로세서의 레이아웃 사진이다. 인텔 코어2듀오 프로세서는 2006년 시장에 출시되었으며, 내부에 두 개의 코어를 내장하고 있다. 코어2듀오는 그동안 단일 코어 기반으로 고성능 프로세서 개발을 시도하는 데 어려움이 있어 그냥 코어를 두 개 넣기로 결정한 것이다. 내장 코어의 수를 하나에서 두 개로 바꾸는데 많은 고민과 선행 연구가 있었지만, 한 번 두 개 코어를 내장하기 시작하더니 계속 코어의 개수는 증가하고 있는 추세이다. 여러분의 컴퓨터는 몇 개의 코어를 내장한 프로세서를 사용하고 있는가?

우리가 힘든 일을 혼자 하다가 어려움이 있으면 어떻게 하는가? 당연히 둘이서 하면 된다. "백지장도 맞들면 낫다"고 여럿이 힘을 합하면 혼자 하는 것보다 훨씬 쉽고 많은 일을 할 수 있다고 모두들 아는 사실이다. 이렇게 당연한 사실이 최근 컴퓨터 구조 발전 중 가장 큰 발전이다. 보통 컴퓨터는 매우 복잡한 기기라고 생각들 한다. 그러나 컴퓨터는 그냥 단순한 주어진 연산을 계속하는 기계일 뿐이다. 즉 컴퓨터 구조의 발전에 있어 어떤 벽에 부딪히면, 그 해답은 우리가 일상생활에서 쉽게 찾을 수 있다. 사실은 현재 컴퓨터에 어떤 문제가 있는지? 어떤 벽에 부딪혀 있는지를 찾아내는 것이 쉽지 않을 뿐이다. 이제부터는 컴퓨터를 어려워하지 말도록 하자.

인텔사의 Core2Duo는 약 3억 개의 트랜지스터로 구성되어 있다. 통상적으로 하드웨어 구현에 사용된 게이트 수를 계산할 때 사용하는 2-입력 NAND 게이트를 기준으로 7,500만 개의 게이트가 사용되었다. 인텔의 경우 2년마다 성능이 향상된 프로세서를 출시하고 있다. 7,000만 개가 넘는 게이트를 회로도를 그려 설계하고 향상된 프로세서를 계속 출시하는 것이 물리적으로 가능할까?

간단한 FSM(finite state machine)을 설계하는 문제를 풀이하는 데도 20여 분 이상이 걸린다. 그리고 심지어는 틀리기까지 한다. 더욱 힘들게 하는 것은 어디에서 틀렸는지 찾기가 더 힘들다는 사실이다. 즉 하드웨어의 복잡도가 증가하면서 새로운 방식의 설계 방법이 필요하게 되었다.

HDL(hardware description language)는 하드웨어의 동작을 기술하는 프로그래밍 언어이다. 컴퓨터가 우리가 설계하고자 하는 회로의 요구사항을 이해할 수 있도록 프로그램하여 주고, CAD(computer aided design) 툴을 이용하여 회로의 설계와 검증을 수행한다. 또한, 하드웨어를 언어로 기술하기 때문에, 회로도로 표현하는 것보다 읽기 편하고 재사용하기도 쉽다.

Verilog HDL은 1984년 Gateway Design Automation사에 의해 개발되었으며, IEEE-1076 VHDL과 비교하여 문법이 간결하고 편리하여 산업 현장에서 널리 사용되고 있다. CAD 툴 회사들은 하드웨어 디자인의 검증을 위하여 시뮬레이터(simulator)를 제공한다. 설계자는 시뮬레이션을 통해 신호들의 파형을 확인하여 설계 검증을 수행한다. 또한, 실제 게이트로 회로를 실현해 주는 합성기(synthesizer)도 제공한다.

FPGA 제조사들의 경우, HDL로 설계된 회로를 자사의 FPGA에서 검증하고 구현할 수 있도록 시뮬레이션, 합성, 매핑, 라우팅, 성능 분석 등을 할 수 있는 툴을 제공한다. 인텔(https://www.intel.com/content/www/us/en/products/programmable.html)의 경우 Quartus 플랫폼을, Xilinx(https://www.xilinx.com/)는 ISE Design Suite와 Vivado 툴을 제공한다. 멘토(Mentor)사에서는 HDL을 시뮬레이션할 수 있는 ModelSim의 학생판(ModelSim PE Student Edition)을 무료로 제공한다(https://www.mentor.com/company/higher_ed/ modelsim-student-edition). cadence(https://www.cadence.com/en_US/home.html)와 synopsys(https://www.synopsys.com/)사는 ASIC 설계에 필요한 대부분의 툴을 제공하는 전자 설계 자동화(EDA: Electronic Design Automation) 툴 전문 회사이다.

3.2 기본 문법(Basics)

Verilog HDL에서 모듈(module)은 논리회로 구성을 위한 기본 단위이다. 모듈은 입력과 출력 포트의 리스트와 입출력 간의 함수 관계를 포함한다. Verilog'95와 Verilog'01 사이에는 약간의 문법 차이가 존재하지만 대부분의 CAD 툴에서 모두 지원한다.

하드웨어를 기술하는 Verilog HDL은 다음과 같이 크게 네 부분으로 나누어진다. 먼저 설계하고자 하는 모듈의 이름과 입출력 포트의 이름을 정한다. 각 입출력 포트에 대해서 각 포트가 입력(input), 출력(output), 또는 입출력(inout)인지 선언하고, 각 포트의 버스 폭도 선언한다. 마지막으로 동작을 기술한다. 동작을 기술할 때는 assign, always, 그리고 initial이 사용된다.

```
module 모듈 이름(         // 모듈 이름 정의
    i_a,
    i_b,                 // 모듈의 입출력 포트 이름
    o_s);
                         // 입출력 포트의 특성을 선언
    input i_a;           // i_a는 입력 포트임
    input i_b;           // i_b는 입력 포트임
    output  [3:0] o_s;   // o_s는 출력 포트이며, 버스폭은 4비트임
    ...
    assign=....          // 동작 기술
    ...
    always @(...)        // 동작 기술
    ...
    initial              // 동작 기술
    ...
endmodule
```

3.2.1 키워드 및 식별자(keyword and identifier)

키워드는 Verilog HDL을 위하여 정의된 것으로 소문자를 사용한다. 다음 코드의 module, input, output, endmodule이 예이다. module과 endmodule은 Verilog HDL 설계 단위인 모듈의 시작과 끝을 나타낸다.

식별자는 신호 변수(variable)를 구분하기 위하여 부여하는 이름이다. 모듈 이름과 식별자는 대소문자를 구분하고 언더스코어 '_'와 숫자를 사용할 수 있다. 또한, 식별자의 시작은 알파벳이나 언더스코어로 시작해야 한다. 예를 들면 숫자로 시작하는 4_add_in 은 사용 불가능하다. 당연히 키워드를 식별자로 사용하는 것은 불가능하다. 쉽게 내용 또는 특성을 이해하고 서로 구분할 수 있는 짧은 소문자를 식별자로 사용하기를 권장한다. 일반적으로 입력 신호는 'i_이름', 출력 신호는 'o_이름', wire는 'w_이름', 레지스터는 'r_이름' 과 같이 부여한다.

```verilog
module full_adder(          // 모듈 이름과 포트를 정의하는 블록
    i_a,
    i_b,
    i_carry,
    o_sum,
    o_carry);

    input i_a;              // 입출력 포트의 특성을 선언하는 블록
    input i_b;
    input i_carry;
    output o_sum;
    output o_carry;
    ...
    ...                     // 설계 회로를 기술하는 블록
    ...
endmodule
```

3.2.2 포트의 선언

모듈의 입출력 포트는 input, output, inout 세 가지 유형이 있다. 입력 포트(input)는 지속적으로 신호가 입력되어야 하므로 net 형식인 wire이다. 출력 포트(output)의 기본 데이터 타입은 wire이다. 즉 포트의 데이터 타입을 선언하지 않은 경우에는 기본값으로 wire가 된다. 출력 포트(output)의 경우에는 출력 신호가 일시적으로 값을 유지해야 한다면 reg를 사용할 수 있다. 만약 출력 신호가 always나 initial 구문에서 결정되면 reg로 선언한다. 입출력(inout) 포트는 입력 포트와 출력 포트의 특징을 모두 가지고 있다. 입출력 포트를 사용할 때는 출력 시 다른 신호와 충돌하지 않도록 주의가 필요하다.

3.2.3 주석(Comment)

주석은 한 줄 또는 여러 줄에 걸쳐 사용하며, 모든 프로그램에서 그렇듯이 소스 코드의 이해 및 재사용이 쉽게 하기 위하여 사용한다. Verilog HDL은 우리가 익숙한 C언어와 같은 방법으로 주석을 사용할 수 있다. 한 줄 주석은 '//'을 사용하고, 여러 줄 주석은 '/*' 과 '*/'을 사용한다. 먼저 설계하는 회로의 이름과 언제 누구에 의해 설계되었는지 여러 줄 주석을 사용하여 설명한다. 이와 함께 모듈을 설계하고 이해하는 데 필요한 가능한 많은 정보를 주석으로 표시해 주기를 권장한다. 예를 들면 레지스터 맵 정보 등을 HDL 소스 코드에 정리해 놓으면, 디버깅할 때 뿐만 아니라 상위 모듈 설계할 때마다 사양서를 찾아보지 않아도 되어 편리하다.

각각 입출력에 대해서는 신호의 설명을 모듈 선언부에 표시한다. 이렇게 하면 상위 모듈 설계 시, 이 부분만 복사하여 쉽게 해당 모듈의 입출력 특성을 이해하고 사용할 수 있다. 물론 각 입출력 포트의 설명이 상위 모듈까지 자동으로 따라오게 된다.

Verilog HDL 설계에서 가장 중요한, structural modeling을 하고 회로의 이해를 쉽게 하기 위해서는 가장 간단한 회로 설계부터 친절한 주석을 남기는 노력이 꼭 필요하다. C

언어와 마찬가지로 Verilog HDL은 빈 곳(white space)을 무시한다. 주석과 빈 곳을 이용하여 회로의 구조가 잘 보이는 설계를 하도록 하자.

```
/*--------------------------------------------------------
1bit Full Adder for Hawaii Project
Date:2020-02-02
Designed by Elias
{o_carry,o_sum}=i_a+i_b+i_carry
--------------------------------------------------------*/
module full_adder(  // 1 bit full adder
    i_a,            // adder input
    i_b,            // adder input
    i_carry,        // carry in
    o_sum,          // adder output
    o_carry);       // carry out

    input i_a;
    input i_b;
    input i_carry;
    output o_sum;
    output o_carry;
    ...
    ...
endmodule
```

3.2.4 데이터값

Verilog HDL에서 신호는 다음의 4가지 논리값을 갖는다. 디지털 시스템은 0과 1의 값을 갖는다. Verilog HDL에서 0은 논리값 0, 부정 또는 GND를 뜻하고, 1은 논리값 1, 긍정 또는 VDD를 의미한다. X 는 2.5절에서 설명한 unknown을 나타낸다. 당연히 초깃값이 설정되지 않은 신호도 X로 나타낸다. Z는 High Impedance 상태, 즉 연결이 안되어 있는 상태를 의미한다.

논리값	상태
0	Logic 0 / False Condition / Ground
1	Logic 1 / True Condition / VDD
X	Unknown / Uninitialized
Z	High Impedance / Floating

3.2.5 데이터 타입

Verilog는 네트(net)와 변수(variable) 두 가지의 데이터 형태를 지원하며, 신호를 네트와 변수로 표현한다. 네트(net)는 입력이 변경될 때마다 지속적으로 갱신되며, 변수 타입은 procedural 구문이 실행될 때만 갱신된다. reg에 할당된 신호는 변경하지 않으면 그 전 값을 유지한다. 네트의 형태는 wire가 기본으로 사용된다. 다음 표는 net 유형을 정리한다.

Type	설명
wire	선
tri	tristate
wand, triand	AND 연산을 하는 wire
wor, trior	OR 연산을 하는 wire
tri0	Pull-down
tri1	Pull-up
trireg	Z일 때 그 전 값을 유지
supply0	GND
supply1	VDD

3.2.6 reg와 wire

always 또는 initial 구문 안에서 결과가 결정되는 신호는 reg로 선언한다. assign에서 결과가 결정되는 신호는 wire로 선언된다. reg로 선언되었다고 항상 회로가 레지스터 형태로 구현되지는 않는다. 다음 두 코드에서 출력(out)이 wire와 reg의 다른 형태로 기술되었으나, 두 코드는 같은 회로로 구현된다. wire로 선언되면 실제로 소자를 연결하는 네트인 전선으로 구현된다. reg로 선언된 신호는 코딩 스타일에 따라 플립플롭 또는 wire와 같은 전선으로 합성된다.

```
module mux_2to1_wire(          module mux_2to1_reg(
    a,                             a,
    b,                             b,
    sel,                           sel,
    out);                          out);
input a, b, sel;               input a, b, sel;
output out;                    output reg out;

assign out=(a&sel) |(b&~sel);  always @(a or b or sel)
                                   if(sel) out=a;
endmodule                          else out=b;

                               endmodule
```

3.2.7 신호의 세기

여러 신호가 하나의 출력과 연결되었을 때는 가장 강한 신호가 선택된다. 같은 세기의 신호가 하나의 노드에 연결되었을 경우 unknown(x)가 출력된다. 초보자들이 많이 하는 실수가 하나의 변수를 두 개의 procedural 구분에서 결정하는 코딩 스타일이다. 사자와 호랑이가 싸우게 하지 말자. 다음 표는 신호 세기를 정리한다.

Type	Sourcing	설명	값	표시
supply	Driving	VDD, GND	7	Su
strong	Driving	게이트 출력	6	St
pull	Driving	Pull strength	5	Pu
large	Storage	trireg capacitance	4	La
weak	Driving	Weaker than pull	3	We
medium	Storage	trireg capacitance	2	Me
small	Storage	trireg capacitance	1	Sm
highz	High Impedance	High Impedance	0	HiZ

3.2.8 숫자의 표현

(size)'(base)(number)	
size	10진수로 표시하는 비트의 수
base	b: 2진수, d: 10진수, h:16진수
number	실제 숫자값

숫자를 표현할 때는 위와 같이 비트 수와 몇 진수를 사용하는지 표시하고 실제값을 적는다. Verilog HDL은 하드웨어 설계를 목적으로 하기 때문에 각 신호가 몇 비트인지 알고 기술하는 것을 권장한다. 예를 들면 size값이 없는 경우 자동으로 32비트로 설정하고, base값이 없는 경우에는 자동으로 10진수로 인식하지만, 설계 시 base와 size을 꼭 기술하도록 하자.

다음 표는 예로 기술한 숫자와 실제 표현되는 값을 나타낸다. 예를 들면 3'b110은 3비트의 2진수 110을 표현하며, 10진수 6의 값을 갖는다. 8'b111의 경우 8비트의 2진수 00000111을 나타내며, 10진수 7의 값을 갖는다. 코드에 111로 기술하였더라도 실제 저장되는 값은 8비트의 00000111이 된다. Verilog HDL은 숫자를 기술할 때 사용된 '_'을 무시하여, 우리가 숫자를 사용하는데 실수하지 않도록 한다. 예를 들면 8비트 값을 4비트씩 나눠서 8'b1010_1101로 기술해도 된다. 하드웨어를 설계하는 Verilog에서 한 비트를 실수하면 그 오류를 찾아내는데 많은 시간을 들여야 한다. 꼭 설계하는 신호가 몇 비트인지, 그리고 그 값은 몇 진수의 어떤 값인지 명확하게 기술하도록 하자.

Number	비트수	Base	10진수 값	표현한 수
3'b110	3	2진수	6	110
8'b111	8	2진수	7	00000111
8'b1010_1101	8	2진수	173	10101101
3'd5	3	10진수	5	101
8'hAE	8	16진수	174	10101110

3.2.9 버스의 표현

여러 비트로 이루어진 버스는 다음과 같이 기술한다. bus라는 32비트의 wire, addr이라는 16비트 변수(벡터)를 표현하였다. 마지막에 기술된 signed는 변수 이름에 보인 바와 같이 사용하지 않는 것을 권장한다. 하드웨어 설계에 있어서, 음수를 표현해야 할 때에는 적절한 표현 방법을 선정하고 구현하도록 하자.

<type> [최상위비트:최하위비트]	이름
wire [31:0] bus;	32 비트 wire
reg [15:0] addr;	16 비트 0~65535
reg signed [7:0] do_not_use;	8비트 -128~127
wire scalar;	1 비트 wire

32비트의 wire를 기술함에 있어 [32:1] 또는 [0:31]로 기술하여도 32비트의 버스로 선언된다. 그러나 디지털 시스템에서는 1보다는 0부터 시작하는 것이 일반적이며, [0:31]로 표시하게 되면 bus[0]이 MSB가 되고, bus[31]이 MSB가 된다. 여러분도 [31:0]으로 기술하여 bus[31]이 MSB가 되는 것이 편할 것이라 생각한다.

버스의 일부 비트들을 선택해서 사용할 때도 있다. 예를 들면 32비트 bus의 상위 4비트만을 표현할 때에는 bus[31:28]로 표현한다. 버스 폭을 지정하지 않으면 기본적으로 1비트의 버스 폭을 표현하는데, 이를 스칼라(scalar)라고 하며, 여러 비트의 폭을 선언한 net와 reg를 벡터(vector)라 한다.

3.3 연산자(Operators)

Verilog는 다양한 연산자를 가지고 있어, 임의 회로에 대하여 다양한 기술을 가능하게 한다.

3.3.1 비트 연산자(Bitwise Operators)

비트 연산자는 비트 레벨의 논리 연산을 표현한다.

비트 연산자	동작
~	"bitwise" NOT
& / ~&	"bitwise" AND/NAND
| / ~|	"bitwise" OR/NOR
^ / ~^	"bitwise" XOR/XNOR

비트와이즈(bitwise) 연산자의 사용 예는 다음과 같다. 출력은 4비트의 wire이다.

```
// a= 4'b1001; b= 4'b1100; c= 4'b1x1x; d= 4'b111z;

assign out_0 = a&c;        // 4'b100x
assign out_1 = a|b;        // 4'b1101
assign out_2 = ~b;         // 4'b0011
```

```
assign out_3 = a^c;        // 4'b0x1x
assign out_4 = a|d;        // 4'b1111
```

3.3.2 논리 연산자(Logical Operators)

논리 연산자는 연산 결과가 참(true) 또는 거짓(false) 중 하나가 된다.

논리 연산자	동작
&&	"logical" AND
||	"logical" OR
!	negation

논리 연산자는 0이 아닌 수를 1로 취급한다. 다음 코드에서 a&b 연산의 경우 bitwise 로 연산하여 결과가 4'b0000이 되겠지만 논리 연산의 경우 결과가 1'b1이 된다. 논리 연산의 결과는 1비트이다.

```
// a= 4'b1010; b= 4'b0101; c= 4'b000x; d= 4'b100z;

assign out_0 = a && b;        // 1'b1
assign out_1 = a || b;        // 1'b1
assign out_2 = b && c;        // 1'bx
assign out_3 = !b;            // 1'b0
assign out_4 =(a==4 ' b1010) &&(b==4 ' b0000);    // 1'b0
```

3.3.3 관계 연산자(Relation Operators)

관계 연산자 '〈', '〉', '〈=', '〉='은 피연산자를 비교하기 위하여 사용한다. unknown 'x'나 high-impedance 'z'를 비교할 경우 'x'를 출력한다.

```
// a= 4'b1010; b= 4'b0101; c= 4'b000x; d= 4'b100z;

assign out_0 = a < b;        // 1'b0
assign out_1 = a > b;        // 1'b1
assign out_2 = b <= c;       // 1'bx
assign out_3 = b >= d;       // 1'bx
```

3.3.4 등가 연산자(Equality Operators)

등가 연산자는 피연산자의 값이 같은지 비교한다. '=='는 값이 같으면 1을, '!='는 값이 다르면 1을 연산 결과로 한다. '==='과 '!=='는 case 등가 연산자로 unknown 'x'나 high-impedance 'z'를 고려하여 Boolean 값을 반환한다. unknown 'x'끼리 비교한 out_2의 결과는 'x'이지만, case equality 연산은 unknown 'x'나 high-impedance 'z'를 비교한다.

```
// a= 4'b1010; b= 4'b0101; c= 4'b000x; d= 4'b100z; e= 4'b00x0;

assign out_0 = a == b;        // 1'b0
assign out_1 = a != b;        // 1'b1
assign out_2 = c != e;        // 1'bx
assign out_3 = b != d;        // 1'b1
assign out_4 = c === e;       // 1'b0
assign out_5 = c !=== e;      // 1'b1
```

3.3.5 조건 연산자(Ternary Operator)

조건 연산자는 '? 첫 번째 항: 두 번째 항'을 사용하며, 그 값이 true이면 첫 번째 항을, false이면 두 번째 항을 결과로 한다. 조건 연산자를 사용하여 4비트 2입력 멀티플렉서를 기술하면 다음과 같다.

```
module mux_2to1( in_a,
                 in_b,
                 sel,
                 out);
input [3:0] in_a, in_b;      // MUX2 inputs
input sel;                   // MUX2 select signal HIGH:in_a, LOW:in_b
output [3:0] out;            // MUX2 output

assign out = sel ? in_a :in_b;  // if(sel==TRUE) out=in_a; else out=in_b;

endmodule
```

∃.∃.Ϭ 결합 연산자(Concatenation/Replication Operators)

결합 연산자는 스칼라 또는 벡터를 그룹으로 나타낼 때 유용하다. ' {} '는 비트를 연결(Concatenation)할 때 사용하며, ' {{}} '는 비트를 복제(Replication)할 때 사용한다.

Replication 연산자는 그룹의 비트를 복제하기 위하여 사용된다. 예를 들면 1비트의 값을 3번 복제하여 3개의 비트의 값을 다음과 같이 표현할 수 있다. 신호 b가 세 번 복제되어 출력 out_2의 12비트가 결정된다.

Concatenation 연산자는 여러 그룹의 비트를 연결한다. 예를 들면 출력 out_4는 a[1:0]과 c[1:0]을 연결하여 나타내며, 회로 설계 시 유용하게 사용된다.

```
// a= 4'b1010; b= 4'b0101; c= 4'b000x; d= 4'b100z;

assign out_0 = {a, b};           // 8'b1010_0101
assign out_1 = {c, d};           // 8'b000x_100z
assign out_2 = {3{b}};           // 12'b0101_0101_0101
assign out_3 = {{2{a}, c};       // 12'b1010_1010_000x
```

```
assign out_4= {a[1:0], c[1:0]};        //4'b100x
```

∃.∃.7 시프트 연산자(Shift Operators)

시프트 연산은 시프트 연산이 필요하거나 2의 승수를 곱하거나 나눌 때 사용한다. 논리(logical) 시프트 연산은 zero extension에 의해 새로운 비트들이 '0'으로 채워진다. '〉〉'과 '〈〈'는 각각 logical right 와 left 시프트 연산이다.

산술(arithmetic) 시프트 연산은 오른쪽으로 쉬프트 하는 경우 부호 비트인 MSB값을 복제하는 sign-extension을 수행한다. '〉〉〉'과 '〈〈〈'는 각각 arithmetic right와 left 시프트 연산이다. arithmetic shift는 signed로 선언된 변수에 한에서 적용된다. 만약 다음 코드의 변수 'a'가 signed로 선언되어 있지 않다면, 출력 out_0는 logical shift 연산 결과와 같이 4'b0001이 된다. 출력 신호가 모두 4비트라면 주석의 하위 4비트만이 연산 결과가 된다.

```
// a= 4'b1010; b= 4'b0101; c= 4'b000x; d= 4'b100z;

assign out_0 = a >>> 3;        // 4'b1111
assign out_1 = c >> 1;         // 4'b0000
assign out_2 = c << 3;         // 7'b000x000
assign out_3 = d <<< 1;        // 5'b100z0
assign out_4= b <<< 2;         //6'b010100
assign out_4= b << 2;          //6'b010100
```

∃.∃.8 산술 연산자(Arithmetic Operators)

산술 연산자는 우리가 익숙하게 사용하는 '+, -, *, /, %, _' 연산을 기술한다.

3.3.9 연산자의 우선순위(Operator Precedence)

지금까지 알아본 연산자의 우선순위는 다음과 같다. 우선순위를 암기하는 것보다 괄호를 적절하게 사용하는 것을 권장한다.

~	NOT	높음
*, /, %	multi, div, mod	
+, -	add, sub	
<<, >>	logical shift	
<<<, >>>	arithmetic shift	
<, <=, >, >=	comparison	
==, !=	equal, not equal	
&, ~&	AND, NAND	
^, ~^	XOR, XNOR	
|, ~|	OR, XOR	
?:	ternary operator	낮음

3.4 모듈 연결(Instantiation)

하드웨어는 보통 여러 개의 모듈로 이루어지며, 상위 계층과 하위 계층의 계층적 관계를 가지고 있다. [그림 3-2]는 계층적 설계가 되어 있는 회로의 예이다. 최상위 계층의 모듈 top은 하위 sub_0 모듈을 U0라는 이름으로 포함하고 있으며, 하위 sub_1 모듈 두 개를 각각 U1과 U2라는 이름으로 포함하고 있다. 또한, 내부 회로 C1이 있다.

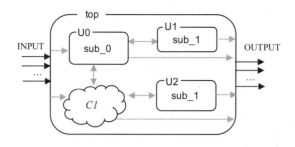

[그림 3-2] 계층적 설계의 예

이렇게 여러 개의 모듈을 포함하는 계층적 설계를 기술하기 위해서는 상위 모듈에서 하위 모듈을 인스턴스화(instantiation)하고, 입출력 포트들을 신호로 연결하는 기술 방법이 필요하다.

상위 계층 모듈에서 하위 모듈을 인스턴스화 하고 연결하는 기술 방법은 두 가지가 있다. 첫 번째는, 상위 모듈의 신호를 하위 모듈의 포트에 정의된 순서와 동일하게 기술하는 순서(ordered)에 의한 연결 방법이다. 두 번째는 하위 모듈의 포트 명 앞에 ' . '을 넣고, 연결해 줄 상위 모듈의 신호를 괄호 안에 넣어 각각 독립적으로 연결하는 이름(named)에 따른 연결 방법이다.

예를 들면 [그림 3-3]의 1비트 전가산기(full adder)를 top 모듈에서 인스턴스화 하는 방법은 다음 두 가지가 있다. Named instantiation을 사용하면 원래 하위 모듈의 포트 선언부를 그대로 복사해 와서 인스턴스화 할 수 있다. 이때 하위 모듈 원래의 포트 이름과 각 포트를 설명하는 주석이 상위 모듈에서 그대로 유지되어 회로의 이해를 쉽게 하며 연결할 때의 실수를 줄일 수 있다.

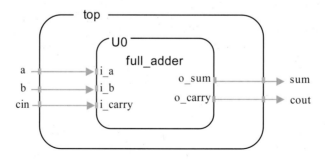

[그림 3-3] 전가산기 회로 인스턴스 예

```
module full_adder(    // 1 bit full adder
    i_a,              // adder input
    i_b,              // adder input
    i_carry,          // carry in
    o_sum,            // adder output
    o_carry);         // carry out
```

/* Ordered Instantiation */	/* Named Instantiation */
| ```
full_adder U0(
    a,
    b,
    carry,
    sum,
    c_out);
``` | ```
full_adder U0(          // 1 bit full adder
    .i_a(a),            // adder input
    .i_b(b),            // adder input
    .i_carry(cin),      // carry in
    .o_sum(sum),        // adder output
    .o_carry(cout));    // carry out
``` |

내부 모듈 간의 연결을 위해서는, 모듈 간의 연결 신호가 미리 정의되어 있어야 한다. 즉 연결하고자 하는 신호를 wire로 선언하고, 각 모듈의 입출력 포트에 같은 이름의 wire를 연결해 주면 된다. [그림 3-4]는 내부 모듈 2개를 포함하는 상위 모듈의 예이다. 두 하위 모듈을 연결하는 신호 w_sig1과 w_sig2를 이용하여 두 모듈을 연결한다. Named 인스턴스를 이용하여 기술하기를 권장한다.

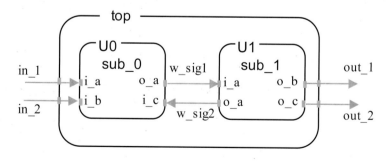

[그림 3-4] 내부 모듈 연결 예

```
/* Ordered Instantiation */

module top(
    in_1,    // description of input
    in_2,    // description of input
    out_1,   // description of output
    out_2);  // description of output
input in_1;
input in_2;
output out_1;
output out_2;


// internal wires
wire w_sig1, w_sig2;


sub_0 U0(
    in_1,
    in_2,
    w_sig1,
    w_sig2);


sub_1 U1(
    w_sig1,
    w_sig2,
    out_1,
    out_2);


endmodule
```

```
/* Named Instantiation */

module top(
    in_1,    // description of input
    in_2,    // description of input
    out_1,   // description of output
    out_2);  // description of output
input in_1;
input in_2;
output out_1;
output out_2;


// internal wires
wire w_sig1, w_sig2;


sub_0 U0(
    .i_a(in_1),     // i_a is ...
    .i_b(in_2),     // i_b is ...
    .o_a(w_sig1),   // o_a is 1 when ....
    .i_c(w_sig2));  // i_c is ...


sub_1 U1(
    .i_a(w_sig1),   // i_a is ...
    .o_a(w_sig2),   // o_a is ...
    .o_b(out_1),    // o_b is ...
    .o_c(out_2));   // o_c is ...


endmodule
```

모듈 간의 신호 연결 시, 연결하는 신호의 폭은 동일해야 한다. 포트와 신호의 버스 폭이 다를 경우 [그림 3-5]와 같이, 0으로 채워지거나 작은 크기에 맞춰진다. 다시 말하면, 시뮬레이션을 할 때 오류(Error)가 나지 않는다는 말이다. 3비트 신호(w_sig1)가 4비트 입력 (i_a)로 인가될 때, i_a[3]은 항상 0이 입력된다. 반대로 4비트 신호(w_sig2)가 3비트 입력 (i_c)로 입력될 때, w_sig2[3]의 값은 무시된다. 초보자들이 흔히 하는 실수로,

버스 폭을 맞추지 않아서 임의로 0으로 채워진 신호가 연결되거나, 하위 비트만 신호만 연결된 회로를 디버깅하면서 많은 시간을 허비한다. 모듈을 연결할 때는 Named Instantiation을 사용하고, 신호들의 버스 폭을 항상 생각하면서 설계하도록 하자.

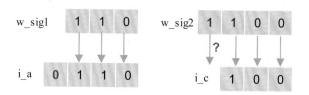

[그림 3-5] 버스 폭이 일치하지 않는 모듈 연결

사용하지 않는 포트는 이론적으로 연결하지 않을 수 있다. 그러나 입력 포트를 연결하지 않은 상태로 두는 것은 피하도록 하자.

3.5 모델링 레벨(Level of Modeling)

Verilog HDL은 하드웨어의 기능을 기술하는 언어로 문장 단위로 동시에 수행되는 병행문(concurrent statements)이다. 따라서 C언어와 같은 소프트웨어 언어의 순차적인 동작과는 다르게 기술된 순서와 관계없이 동시에 수행된다. Verilog HDL을 기술하는 방법에 있어서 동작적 기술(behavioral description)은 모듈의 기능을 직접 서술하여 기술하는 방식을 말한다. 반면에 구조적 기술(structural description)은 모듈의 기능을 간단한 모듈들의 조합으로 기술하는 방식을 말한다.

Behavioral 기술은 기능(functional) 또는 알고리즘(algorithm) 레벨의 기술이라고 하며, 설계자가 하드웨어의 기능을 마치 C언어처럼 기술하여 하드웨어를 설계할 수 있도록 해 준다. Behavioral 기술로 모델링 된 HDL을 효율적으로 합성하여 회로로 구현할 수 있도록 하는 것을 EDA 툴 기업들은 목표로 하고 있다.

Structural 기술은 회로를 구성하는 구성 블록과 그 블록의 연결을 구조적으로 보이게 기술하는 방법이다. Verilog HDL은 모든 구성 회로가 동시에 동작하는 하드웨어 설계를 위해 개발된 언어로, 설계한 회로의 이해와 검증, 그리고 재사용을 위해서는 회로의 구조를 쉽게 볼 수 있는 구조적 기술 방법의 사용을 권장한다. 또한, 설계자의 경험에 따라 구조를 볼 수 있는 능력이 다르다는 것을 이해해야 한다. 같은 Verilog 코드가 초보자에게는 그 구조가 잘 보이지 않아서 behavioral 기술로 느껴질 수 있지만, 숙련된 설계자에게는 복잡한 구조가 한눈에 들어와 structural 기술로 생각될 수 있기 때문이다.

Structural 기술은 RTL(Register-Transfer Level), 게이트 레벨(gate level), 그리고 스위치 레벨(switch level) 모델링으로 나눌 수 있다.

RTL(Register-Transfer Level) 모델링은 데이터-플로우 모델링과 behavioral 모델링의 조합이다. RTL은 클럭을 사용하는 동기회로에서 동기화된 레지스터(D-플립플롭) 사이의 데이터의 전송을 기술하여 하드웨어를 설계한다.

게이트 레벨 모델링은 하드웨어를 로직 게이트들의 조합으로 표현한다. 실제 SoC 구현을 위해서는 게이트 레벨로의 변환이 필요하며 컴파일러가 RTL 소스 코드를 게이트 레벨로 변환시켜 준다. RTL 모델을 합성하면 게이트 레벨의 네트리스트(netlist)를 얻을 수 있다.

스위치 레벨은 트랜지스터 레벨이라고도 부르며 가장 낮은 단계의 abstraction을 제공한다. 로직 게이트들은 트랜지스터들의 조합으로 이루어져 있으며 스위치 레벨 모델은 회로를 트랜지스터들의 조합으로 표현한다.

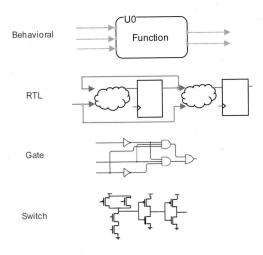

[그림 3-6] 회로의 추상화 레벨

실제 하드웨어 구현을 위해서는 하드웨어 합성이 쉬워 RTL 설계가 가장 널리 사용된다. 순수한 behavioral 모델링은 시뮬레이션 환경에서 설계 개념을 검증하기 위해 주로 사용된다. 하드웨어를 효과적으로 모델링하기 위해서는 동시성(concurrency)의 개념을 이해하는 것이 필수적이다.

3.6 테스트 벤치(Testbench)

Verilog HDL을 사용하여 하드웨어 설계를 수행하면 실제 칩으로 만들어지기 전에 하드웨어의 기능을 검증할 수 있다는 장점이 있다. Verilog HDL은 소스 코드 및 네트 리스트(netlist) 상태로 하드웨어의 기능을 검증할 수 있다. 하드웨어의 복잡도가 증가할수록 개발 기간 중 검증이 차지하는 시간 비율이 늘어나고 있다.

3.6.1 테스트 벤치 개념

테스트 벤치는 가상의 검증 환경으로, 검증하고자 하는 회로에 적절한 입력 신호(stimulus)를 인가하고 그에 따른 출력을 보고 회로의 기능을 검증한다. 다음 [그림 3-7]은 테스트 벤치의 개념이다. tb_top은 Verilog HDL로 작성된 테스트 벤치이고 top은 검증하고자 하는 회로의 최상위 모듈이다. 테스트 벤치는 입출력 포트가 없다. 테스트 벤치와 최상위 모듈 간에 포트 연결을 하고 최상위 모듈에 기능 검증을 위한 적절한 stimulus를 인가한다. 회로의 동작은 입력된 stimulus에 대한 top_module의 출력 파형을 예상하는 출력과 비교 확인하여 검증한다.

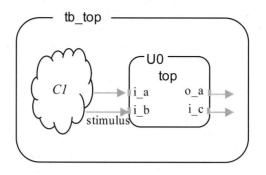

[그림 3-7] 테스트 벤치의 개념

3.6.2 시뮬레이션(Simulation)

시뮬레이션은 Verilog HDL을 이용해 테스트 벤치 코드를 작성하고 컴퓨터를 이용하여 회로의 동작을 모의 실험하는 과정이다. 테스트 벤치의 회로는 하드웨어로 보통 합성하지 않으며 시뮬레이션에서만 사용된다.

3.6.3 입력 신호 만들기(Stimulus Generation)

[그림 3-7]의 회로 C1과 같이 설계한 회로를 검증하기 위해 필요한 입력 신호 stimulus를 초기화하고 원하는 파형을 만들어 내는 모델이 필요하다.

initial은 블록 안의 구문을 한 번만 수행하며, 하드웨어로 합성되지 않는다. begin과 end 키워드를 사용해 블록을 구분해서 사용한다. Verilog HDL을 사용하여 하드웨어의 기능을 정의하고 검증, 시뮬레이션을 위하여 사용한다. 간혹 초보자들이 플립플롭의 초깃값을 설정하기 위해서 initial을 사용하는 실수를 하는데, 플립플롭의 초깃값은 리셋 입력이 있을 때 설정한다. 다시 한번 말하자면, initial 부분은 하드웨어로 구현되지 않는다.

모든 initial문은 각각 시뮬레이션시간 0에서 동작한다. 다음 코드는 시뮬레이션을 위하여 리셋 신호와 테스트 벤치에서 50MHz 클럭을 생성하는 코드이다. [그림 3-8]은 생성된 stimulus의 파형을 나타낸다.

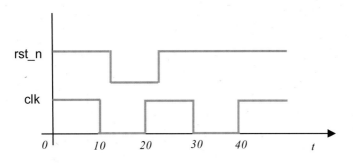

[그림 3-8] 시뮬레이션을 위한 리셋과 클럭 신호

```
`timescale 1ns/10ps
module tb_top();
reg rst_n;              // reset
...
initial begin
    rst_n = 1'b1;
    #12 rst_n= 1'b0;
    #10 rst_n= 1'b1;
end

initial clk = 1'b1;
always #10 clk = ~clk;
....
endmodule
```

3.6.4 테스트 벤치 작성 시 고려사항

하드웨어 설계의 전 과정에서 동일한 stimulus에 대한 회로의 출력은 같아야 한다.

RTL 코드와 게이트 레벨의 네트리스트는 같은 테스트 벤치로 검증할 수 있다. 테스트 벤치 작성 전에 설계 검증 전략 또는 검증 계획을 문서로 정리하면 효율적으로 테스트를 수행할 수 있다. 코드의 재사용 및 가독성 등을 고려하여 하드웨어 기능 요약, 입력 stimulus에 대한 특성 및 기대되는 출력, 주요 기능에 대한 상세 설명, 시뮬레이션 목표 및 개발 환경을 포함하여 작성하기를 권장한다.

3.6.5 테스트 벤치 작성

테스트 벤치는 `timescale 키워드를 이용하여 시간 관련 선언을 하고, 테스트 벤치의 최상위 모듈을 정의한다. 테스트하고자 하는 모듈의 입력 신호는 reg 형태로, 출력 신호는 wire 형태로 선언한다. 클럭, 리셋 그리고 필요한 입력 파형을 생성한다. 마지막으로 테스트하고자 하는 회로를 인스턴스화 한다. 테스트할 대상인 DUT의 입력과 출력을 정의한 후에는 DUT의 기능 및 성능 검증을 위한 적절한 stimulus를 인가한다. DUT의 출력 파형을 확인하며 시스템을 검증한다. 출력 파형으로 기능 검증이 힘들 경우에는 시스템 태스크를 사용하여 자동화된 테스트 벤치를 작성한다.

```
`timescale 1ns/10ps
module tb_test();

reg clk;
reg rst_n;
reg in_a;
wire out_b;

initial clk = 1'b0;               // clock generation
always #10 clk = ~clk;

initial begin                     // reset generation
    rst_n = 1'b1;
    #12 rst_n = 1'b0;
```

```
        #10 rst_n = 1'b1;
    end

    initial begin                  // input stimulus generation
        in_a = 1'b0;
        #30 in_a = 1'b1;
        #100 in_a = 1'b0;
    end

    test DUT(.clk(clk),            // instantiation of design under test
             .rst_n(rst_n),
             .in_a(in_a),
             .out_b(out_b));

    endmodule
```

3.6.6 `timescale 키워드

timescale은 시간 단위 및 시뮬레이션의 정밀성(precision)을 정의하는 데 사용한다.
[그림 3-8]의 리셋과 클럭 신호를 생성하는 테스트 벤치를 해석하면, initial 블록에서
rst_n은 시뮬레이션 시간 0에서 1'b1로 초기화되어 있다. #12는 시간 지연(delay)을 의미
하는데 일종의 tick과 같다. `timescale 1ns/10ps로 선언되어 있기 때문에 12 tick * 1ns
= 12ns 딜레이를 의미한다. 따라서 12ns인 순간에 rst_n은 1'b0이 된다. 12ns 지연된 시
간으로부터 10ns 지연이 추가되어 시뮬레이션 시간이 22ns인 순간 rst_n은 다시 1'b1이
된다. 클럭은 10ns마다 반전되어 50MHz의 신호가 생성된다.

`timescale (time unit) /  (simulation precision) `timescale 1ns/10ps	
time unit	시간 단위가 1 ns 임 (예, #10 은 10ns를 의미함)
simulation precision	10 ps 단위로 시뮬레이션을 수행함

3.7 시스템 태스크(System Task)

Verilog HDL은 시뮬레이션 환경에서 디버깅을 쉽게 하고 사용자 편의를 위하여 시스템 태스크와 함수를 지원한다. 시스템 태스크 등을 사용하여 테스트 벤치 등을 구성할 경우 큰 디자인의 시뮬레이션을 효과적으로 수행할 수 있다. 시스템 태스크는 시뮬레이션에서만 사용되며, 하드웨어 합성 단계에서는 무시된다. 시스템 태스크는 '$'로 시작한다.

3.7.1 출력 관련 시스템 태스크

태스크	기능
$display	문자열 또는 변수 등을 end-of-line 문자와 함께 출력한다.
$write	문자열 또는 변수 등을 end-of-line 문자 없이 출력한다.
$monitor	해당 argument 리스트의 신호를 지속적으로 모니터링하는 태스크이다. argument 리스트에 포함된 신호의 로직값에 변화가 있으면 전체 argument 리스트를 출력한다.
$strobe	$display와 유사하나 시뮬레이터의 변수 계산 및 할당 순서에 의해 약간의 차이를 보인다. $display의 경우 논블로킹의 할당이 끝나기 전에 출력 되지만 $strobe와 $monitor는 논블로킹 할당 이후에 변수가 출력된다.
$monitoroff	$monitor를 끈다.
$monitoron	$monitor를 켠다.

다음 코드는 $display와 $strobe 그리고 $monitor를 사용한 코드 예와 시뮬레이션을 100ns 동안 수행한 출력 결과이다.

print_block의 initial 블록과 control_block의 initial 블록은 동시에 수행된다. 따라서 print_block에 있는 $display 태스크는 시뮬레이션 시간 0에 동시에 수행되므로 'x'가 출력되고 control_block안의 $display 태스크는 변수 a와 b에 할당이 끝난 뒤에 출력되기 때문에 할당한 값이 출력된다. 반면에 print_block의 $strobe 태스크는 할당이 끝난 뒤에 출력되기 때문에 변수에 할당된 1과 0이 출력된다. $monitor 태스크는 argument 리스트에 포함된 a와 b의 로직값이 갱신될 때마다 메시지를 출력한다.

```
`timescale 1ns/1ns
module test();
reg a,b;

initial begin :print_block
    $display("display> %m tick:%0d a:%b b:%b",$time,a,b);
    $strobe("strobe> tick:%0d a:%b b:%b",$time,a,b);
    $monitor("monitor> tick:%0d a:%b b:%b",$time,a,b);
end

initial begin :control_block
    a=1'b1;
    b=1'b0;
    $display("display> %m tick:%0d a:%b b:%b",$time,a,b);
    #10 {a,b} = 2'b11;
    $display("display> %m tick:%0d a:%b b:%b",$time,a,b);
    #5 {a,b} = 2'b00;
end

endmodule
```

100 ns 시뮬레이션 출력 결과

```
# display> test.print_block tick:0 a:x b:x
# display> test.control_block tick:0 a:1 b:0
# strobe> tick:0 a:1 b:0
# monitor> tick:0 a:1 b:0
# display> test.control_block tick:10 a:1 b:1
# monitor> tick:10 a:1 b:1
# monitor> tick:15 a:0 b:0
```

3.7.2 데이터 형식 지정자

$display와 $monitor에서 사용하는 데이터 형식 지정자 및 escape character는 다음과 같다.

지정자	의미	지정자	의미
%h, %H	16진수	%e, %E	E 형식 유동소수점
%b, %B	2진수	%f, %F	F 형식 유동소수점
%d, %D	10진수	%m, %M	계층적 이름
%o, %O	8진수	₩n	줄바꿈
%s, %S	문자열	₩₩	Backslash
%c, %C	ASCII 문자	₩t	탭(tab)
%t, %T	시간 틱(tick)	₩"	큰따옴표(")
%v, %V	Strength	%%	퍼센트(%)

3.7.3 시뮬레이션과 관련된 시스템 태스크

시뮬레이션 동작과 관련된 시스템 태스크는 다음 두개가 있다.

- $stop은 시뮬레이션을 정지한다.
- $finish: 시뮬레이션을 끝낸다. (특정 시뮬레이터는 프로그램을 종료한다.)

```
...
if(a==1'b0)
    $stop;
    // if 조건문에서 시뮬레이션 정지
```

```
...
#10000 $finish;
// 10000시간에 시뮬레이션 끝냄.
```

출력 시스템 태스크에서 $time 또는 $realtime을 사용하여 시뮬레이션 시간을 출력할 수 있다. 사용하는 형식 지정자에 따라 다른 형태로 시뮬레이션 시간이 출력된다.

- $time은 현재의 시뮬레이션 시간을 64비트 정수(integer number) 값으로 출력한다.

- $realtime은 현재의 시뮬레이션 시간을 실수(real number) 값으로 출력한다.

다음 코드 예를 보면, %d 형식 지정자를 사용한 경우에는 `timescale에서 선언한 타임 단위를 기준으로 tick이 출력된다. 딜레이는 12.11을 주었지만 %d는 정수이므로 12가 출력된다. 실제 지연 시간은 타임 단위인 1ns을 곱해 줘야 한다. %t는 `timescale에서 선언한 시뮬레이션 precision으로 환산되어 출력된다. 예제에서는 1ps이므로 12000이 출력된다. 부동소수점을 나타내는 데이터 형식 지정자 %f를 사용한 경우에는 시뮬레이션에서 인가한 12.110000이 출력된다.

```
`timescale 1ns/1ps
module tb_time();

reg a;

initial begin
    a=1'b0;

    #12.11 a=1'b1;
    if(a) begin
        $display(" Time(%%d):%d ",$time);
        $display(" Time(%%t):%t ",$time);
        $display(" Time(%%0d) :%0d ",$time);
        $display(" realtime(%%f) :%f ",$realtime);
    end
end

endmodule
```

100 ns 시뮬레이션 출력 결과

```
# Time(%d):12
# Time(%t):12000
# Time(%0d) :12
# realtime(%f) :12.110000
```

3.7.4 파일 입출력을 위한 시스템 태스크

하드웨어의 복잡도가 올라갈수록 전체 설계 과정 중에 검증과 디버깅하는데 차지하는 시간의 비율도 증가하고 있다. Verilog'01에서 추가된 파일 I/O 기능들을 활용하면 복잡한 디자인의 보다 정확한 테스트와 시뮬레이션이 가능하고, 단시간에 효과적인 시뮬레이션을 수행할 수 있어 개발의 생산성을 향상시킬 수 있다.

시뮬레이션 동안에 파일 입출력을 사용하면 다음과 같은 기능을 구현할 수 있다.
- 파일을 읽어 stimulus를 생성
- 과거에 사용했던 테스트 벡터 등을 재사용
- 결과를 파일에 저장하여 다른 툴에서 검증하거나 문서화
- 예상 결과를 파일에서 읽고 실행 결과를 비교하여 자동으로 검증

Verilog HDL이 지원하는 파일 읽기 태스크는 $readmemb와 $readmemh가 있다. 시뮬레이션 시작 시, 외부 파일의 데이터를 읽어 reg로 선언된 1차원 배열 변수에 저장한다. Verilog'01에서는 외부 파일에서 데이터를 읽고 입력 신호로 사용할 수 있는 다양한 방법을 제공한다. 추가로 지원하는 함수는 다음과 같다.

태스크	기능
$fscanf	사용자가 지정한 형식으로 Byte 단위로 읽는다.
$fgetc	파일에서 1바이트를 읽는다.
$fgets	파일에서 한 줄을 읽어 reg에 할당한다.
$ungetc	읽은 데이터를 다시 버퍼에 저장한다.
$fread	파일에서 이진 데이터를 읽어 reg에 할당한다.

파일 쓰기 시스템 태스크를 이용하면 시뮬레이션 결과를 파일에 저장하여 로그를 남길 수 있으며, 고급 레벨 언어(예를 들면 C언어, Matlab 등)로 기술된 모델과 연동하여 검증에 사용할 수 있다. 파일 쓰기 시스템 태스크는 다음과 같다.

태스크	기능
$fdisplay	실행될 때마다 파일 쓰기를 실행한다.
$fmonitor	이벤트가 발생할 때 파일 쓰기를 한다.
$fstrobe	시뮬레이션의 마지막에 파일 쓰기를 실행한다.
$fwrite	$fdisplay와 기본적으로 동일하지만 자동 줄 바꿈이 없다.

파일을 쓰기 위해서는 C언어와 비슷하게 $fopen을 시스템 태스크와 file descriptor를 사용한다. 또한, 다음의 파일 열기 옵션을 함께 설정한다.

Argument	설명
"r" / "rb"	읽기 파일 열기 / 이진 읽기 파일 열기
"w" / "wb"	쓰기 파일 생성 / 이진 쓰기 파일 생성
"a" / "ab"	추가하기 위한 텍스트 / 이진 파일 열기
"r+b" or "rb+"	기존 파일에 읽고 쓰기
"w+"	읽고 쓰기 위한 파일 생성
"w+b" or "wb+"	읽고 쓰기 위한 이진 파일 생성
"a+"	기존 파일에 추가하기 위한 파일 열기
"a+b" or "ab+"	기존 파일에 추가하기 위한 이진 파일 열기

3.7.5 $fscanf 사용 방법

$fscanf는 한 줄 전체를 읽어 사용자가 정의한 형식으로 변경하여 사용자가 정의한 reg 변수에 할당한다. 한 줄 단위로 데이터를 처리할 수 있다. 데이터는 space 또는 쉼표로 구분할 수 있다. 다음은 데이터 형식 지정자이다.

지정자	의미	지정자	의미
%b	2진수 (0,1,x,z, _)	%t	시간 값
%o	8진수 (0-7, x,z, ?, _)	%c	8bit ASCII
%d	10진 정수 (0-9, x, z, ?, _, +, -)	%s	string
%h	16진수 (0-9, a-f, x, z, ?)	%%	%character
%x	%h와 같음	%u	2-state logic: 0 & 1
%f	Double precision 실수 (0-9, 소수점, e)	%z	4-state logic: 0,1,x,z
%e	%f와 같음	%m	$fscanf가 사용되는 모듈의 패스 정보
%g	%f와 같음	%v	신호세기 (st0, we1)

04

Verilog HDL

조합회로(Combinational Logic)

디지털 회로는 조합회로와 순차회로로 이루어진다. 입력에 따른 출력값을 결정함에 있어, 출력이 현재의 입력에 의해 결정되는 기억 소자가 없는 회로를 조합회로라 한다. 출력이 현재의 입력과 과거의 입력 정보를 포함하여 결정되는 기억 소자를 포함하는 회로를 순차회로라 한다. 본 장에서는 조합회로의 설계를 설명하고, 5장은 순차회로 설계에 대하여 설명한다.

4.1 게이트(Gates)

조합회로를 구성하는 논리 게이트를 Verilog HDL로 기술하면 다음과 같다. 'assign'은 간단한 조합회로의 입출력 관계를 연산자를 포함하여 나타낼 때 유용하다. "assign y=~a"에서, 출력 y는 a의 ' ~ '(NOT)이 된다. 같은 방법으로 AND와 OR 게이트는 'assign'과 연산자 ' &'와 ' | '를 사용하여 기술할 수 있다.

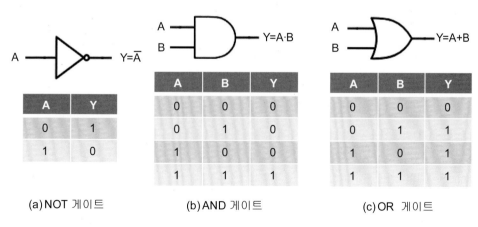

(a) NOT 게이트 (b) AND 게이트 (c) OR 게이트

[그림 4-1] NOT, AND, OR 게이트

```
module  inv(a, y);      module  and(a, b, y);      module  or(a, b, y);
input  a;               input  a, b;               input  a, b;
output y;               output y;                  output y;
    assign  y  = ~a ;       assign  y  = a&b ;         assign  y  = a|b ;
endmodule               endmodule                  endmodule
```

4.2 모듈(Module)

Verilog에서 입력과 출력을 가지고 있는 단위 블록을 모듈이라고 하며, 입력과 출력
의 리스트와 입출력 관계를 기술한다.

[그림 4-2] Verilog 모듈

[그림 4-2]의 3개의 입력(x, y, z)과 하나의 출력(f)을 가진 간단한 조합회로 모듈을
Verilog HDL로 표현하면 다음 코드와 같다.

```
module ex_behavioral(x, y, z, f);
input  x, y, z;
output f;

assign f = ~x & y & z | ~x & y & ~z | x & z;

endmodule
```

Verilog의 모듈은 다음의 두 가지 방법으로 기술된다.

- Behavioral 모델: 모듈의 기능을 기술하듯이 표현한다.
- Structural 모델: 모듈의 기능을 간단한 모듈들의 조합으로 구조적으로 표현한다.

Verilog HDL은 프로그래밍 언어이면서 하드웨어의 구현을 최종 목표로 하기 때문에 Structural 모델로 표현하는 기술 방법을 지향한다. 즉 설계자에게 회로의 구조가 잘 보이도록 기술하여야 한다. 위 'assign' 구문에서 회로의 구조가 보이는 학생도 있겠지만, 구조가 안 보이는 것으로 가정하고 이 Verilog HDL 코드를 Behavioral 모델이라 하자.

Behavioral 모델로 표현된 ex_behavioral 모듈을 간단한 모듈의 조합인 Structural 모델로 표현하면, 구성 요소인 NOT, AND, OR 게이트를 하위 모듈로 포함하는 모듈 ex_structural을 표현할 수 있다. Structural 모델에서의 하위 모듈의 복잡성은 설계자의 관점에 따라 다르게 결정될 수 있으며, 절대적인 기준이 존재하지 않는다.

ex_structural 모듈을 구성하는 NOT, 3입력 AND, 3입력 OR 게이트의 하위 모듈을 기술하면 다음과 같다.

```
module  inv(a, y);          // NOT
input  a;
output y;
    assign  y  = ~a ;
endmodule

module  and2(a, b, y);      // 2-input AND
input  a, b;
output y;
    assign  y  = a & b;
endmodule

module  and3(a, b, c, y);   // 3-input AND
input  a, b, c;
output y;
    assign  y  = a & b & c;
endmodule
```

```verilog
module  or3(a, b, c, y);      // 3-input OR
input  a, b, c;
output y;
    assign  y = a | b | c;
endmodule
```

3개의 하위 모듈을 포함하고, 연결하여 표현한 Structural 모델은 다음과 같다. Structural 모델은 모듈을 구성하는 하위 기능 블록의 특성 및 이들의 연결 구조를 이해하기 쉽게 표현할 수 있다.

```verilog
module ex_structural(x, y, z, f);
input  x, y, z;
output f;
    wire w_inv_x, w_inv_z;
    wire w_and3_0, w_and3_1, w_and2_0;

    inv    inv_x  (x, w_inv_x);
    inv    inv_z  (z, w_inv_z);

    and3   and3_0 (w_inv_x, y, z, w_and3_0);
    and3   and3_1 (w_inv_x, y, w_inv_z, w_and3_1);
    and2   and2_0 (x, z, w_and2_0);

    or3    or3_0  (w_and3_0, w_and3_1, w_and2_0, f);

endmodule
```

Structural 모델로 표현된 간단한 조합회로는 2개의 NOT 게이트와 3개의 AND 게이트, 그리고 1개의 OR 게이트를 가지면 SOP 형태의 회로임을 Verilog 코드에서 알 수 있다. 구조를 회로로 나타내면 [그림 4-3]과 같다.

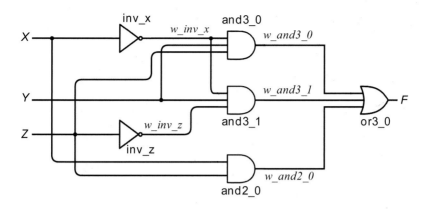

[그림 4-3] 간단한 조합회로의 구조

Verilog 모델로 기술한 [그림 4-3]의 조합 회로는 입력 (x, y, z)와 출력 (f)를 가지고 있으며, 가능한 입력 조합 8가지에 대해서 기대하는 출력은 [그림 4-4]와 같다.

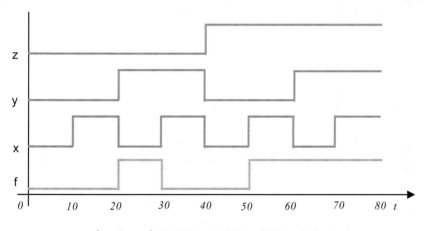

[그림 4-4] 예상하는 간단한 조합회로의 출력

4.3 조합회로 기술 방법(Combinational Logic Design)

조합회로의 출력은 always 블록을 사용하여 기술할 수도 있고 assign문을 사용하여 출력을 할당할 수도 있다. 다음 코드는 논리회로에서 사용하는 2입력 게이트들을 assign

과 always를 사용하여 기술한 예이다. 입력과 출력을 선언하는 부분의 '[3:0]'은 4비트의 버스 신호임을 의미한다.

어떤 식으로 기술하든지 결과물인 하드웨어는 같다는 점을 명심하자. 일반적으로 간단한 조합회로를 기술하기 위하여 assign 구문이 사용되며, 복잡한 조합회로를 기술하기 위하여 always 구문이 사용된다.

4.3.1 'assign'을 이용한 조합회로 기술

assign은 조합회로를 나타내기 위하여 사용되며, ' = '의 오른쪽에 기술된 입력값이 변경될 때마다 왼쪽의 출력값이 다시 계산된다. assign 구문은 always 구문 내부에 사용될 수 없다. assign과 always 구문을 이용하여 게이트들을 표현하면 다음과 같다.

```
/* Four different two-input logic
gates with 4 bit busses using
assign statement */

module gates(a, b, y0, y1, y2, y3);
input [3:0] a, b;
output [3:0] y0, y1, y2, y3;


assign y0 = ~(a & b);    // NAND
assign y1 = ~(a | b);    // NOR
assign y2 = a ^ b;       // XOR
assign y3 = a ~^ b;      // XNOR

endmodule
```

```
/* Four different two-input logic
gates with 4 bit busses using
always statement */

module gates(a, b, y0, y1, y2, y3);
input [3:0] a, b;
output reg [3:0] y0, y1, y2, y3;


always @ (a or b) begin
    y0 = ~(a & b);    // NAND
    y1 = ~(a | b);    // NOR
    y2 = a ^ b;       // XOR
    y3 = a ~^ b;      // XNOR

end
endmodule
```

4.3.2 Conditional Assignment

간단한 조합회로를 assign을 사용하여 기술할 때, ternary 연산을 이용하면 편리하다. 조건 연산자는 '? 첫 번째 항:두 번째 항'의 구조이며, 그 값이 true이면 첫 번째 항을, false이면 두 번째 항을 연산 결과로 한다. 조건 연산자를 사용하여 4비트 2입력 멀티플렉서(MUX)를 기술하면 다음과 같다. 즉 sel이 1일 때 출력 out은 in_a가 되고, sel 이 0일 때 출력 out은 in_b가 된다. 오른쪽 always를 사용하여 기술한 멀티플렉서 코드와 비교해 보자. 물론 두 코드 모두 같은 회로를 기술한 것이며, 실제 하드웨어도 같은 회로로 구현된다. 설계 시 회로의 구조를 잘 보이게 할 수 있는 기술 방법을 적절히 선택하여 사용하도록 하자.

```
/* 4-bit multiplexer using          /* 4-bit multiplexer using
assign statement */                 always statement */

module mux_2to1 ( in_a,             module mux_2to1 ( in_a,
                  in_b,                               in_b,
                  sel,                                sel,
                  out);                               out);
input [3:0] in_a, in_b;             input [3:0] in_a, in_b;
input sel;                          input sel;
output [3:0] out;                   output reg [3:0] out;


assign out = sel ? in_a : in_b;     always @ (in_a, in_b, sel) begin
                                        if (sel) out = in_a;
                                        else out=in_b;
endmodule                           end
                                    endmodule
```

여러 비트의 묶음으로 표현된 신호를 버스라고 하며, 각각 구성 블록들의 데이터 통신을 위하여 사용된다. 4비트 버스를 표현하기 위하여, 멀티플렉서 모듈에서는 in_a[3:0]을 사용하였으나, 4비트를 표현하기 위하여 in_a[0:3], in_a[1:4], 또는 in_a[4:1]

을 사용할 수도 있다. 디지털 수 체계에서는 1보다는 0부터 시작하는 것이 일반적으로 사용되고 있어 in_a[0:3], in_a[3:0]으로 표현하는 것이 일반적인 표현 방법이다. 또한, in_a[0:3]으로 표현하면, in_a[0]가 MSB가 되고 in_a[3]가 LSB가 된다. in_a[3:0]으로 표현하면 in_a[3]이 MSB가 되고 in_a[0]이 LSB가 된다. 따라서 많은 설계자들이 4비트의 신호 in_a를 표현하기 위하여 in_a[3:0]을 사용한다.

4.3.3 'always'를 이용한 조합회로 기술

Always @ (sensitivity list)

always는 각각 동시에 동작하는 독립적인 기능 블록을 기술한다. 따라서 다음 코드 예와 같이 begin과 end 키워드를 사용하여 각각 블록을 구분한다. 이렇게 구분된 회로 1과 회로 2는 각각의 입출력을 가지고 있는 독립적인 회로로 구현되며, 동시에 동작한다. always는 하드웨어 기술뿐만 아니라, 하드웨어로 합성하지 않는 시뮬레이션 기술에도 사용할 수 있다. 기본적으로 always는 감도(sensitivity) 리스트를 포함하고 있다. always 구문에서 결정되는 출력 신호는 새로운 값이 할당될 때까지 그 전 값을 유지하는 특성이 있어, reg 형식으로 선언한다.

```
always @ (sensitivity list 1) begin
    ...
    ...
    회로 1 기술
    ...
end

always @ (sensitivity list 2) begin
    ...
    ...
    회로 2 기술
```

```
        ...
    end
```

조합회로를 always를 이용하여 기술하면, 각 always 블록은 각각 입출력을 가지고 있는 독립적인 조합회로를 표현한다. 이때 해당 블록의 입력 신호를 sensitivity 리스트에 포함해야 하며, sensitivity 리스트에 포함된 여러 개의 신호는 ' or ' 또는 ' , '를 사용하여 구분한다. 다른 하나는 ' * '를 사용하는 방법으로, 이는 컴파일러가 알아서 sensitivity 리스트를 결정하게 하는 방법이다. 우리는 Verilog HDL을 이용하여 하드웨어의 기술을 목표로 하고 있으며, 이해하기 쉬운 구조적인 모델링을 지향하고 있다. 조합회로를 기술할 때, 해당 블록의 입력 신호에 대해서 생각하고 직접 기술하는 코딩 방법을 권장한다. 신호들을 잘 구분해서 보여 주는 ' or '를 주로 사용한다. 다음은 세 가지의 sensitivity 리스트 작성 방법의 예이다. 이 회로의 입력은 in_a, in_b, 그리고 sel이며, 출력은 y이다.

‘or’를 사용해서 구분	```always @ (in_a or in_b or sel) begin if (sel) y=in_a; else y=in_b;end```
‘,’를 사용해서 구분	```always @ (in_a, in_b, sel) begin if (sel) y=in_a; else y=in_b;end```
‘*’를 사용해서 컴파일러가 결정	```always @ (*) begin if (sel) y=in_a; else y=in_b;end```

그럼 sensitivity가 어떤 역할을 하는지 알아보자. 4비트의 숫자를 더하는 덧셈기를 always를 사용하여 기술하면 다음 코드와 같다. always 블록에서 begin과 end를 사용해서 블록을 구분하지 않아도 되지만, 구분해서 기술하는 것을 권장한다. 4비트 덧셈기 출력을 결정하는 조합회로의 입력은 in_a, in_b이다. 왼쪽의 모듈 (adder_0)는 always 구문

의 sensitivity 리스트에 입력 신호 in_a와 in_b의 두 신호를 모두 기술하였고, 오른쪽 모
듈(adder_1)은 sensitivity 리스트에서 입력 in_b가 포함되지 않았다.

```
module adder_0 (      //4bit adder        module adder_1 (      //4bit adder
      in_a,           //4bit input              in_a,           //4bit input
      in_b,           //4bit input              in_b,           //4bit input
      o_sum_0,        // 4bit sum               o_sum_1,        // 4bit sum
      o_cout_0);      // carry out              o_cout_1);      // carry out

input  [3:0] in_a, in_b;                    input  [3:0] in_a, in_b;
output reg [3:0]  o_sum_0;                   output reg [3:0]  o_sum_1;
output reg        o_cout_0;                  output reg        o_cout_1;

always @ (in_a or in_b) begin               always @ (in_a) begin
   {o_cout_0,o_sum_0}=in_a + in_b;             {o_cout_1,o_sum_1}=in_a + in_b;
end                                         end

endmodule                                   endmodule
```

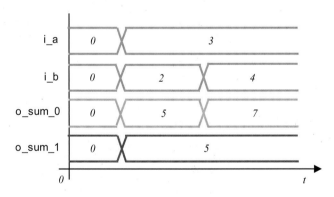

[그림 4-5] sensitivity 리스트에 따른 시뮬레이션 결과

[그림 4-5]는 덧셈기 코드의 시뮬레이션 결과이다. 우리가 예상하는 덧셈기의 동작
은 초록색 출력 (o_sum_0)과 같이 입력이 바뀔 때마다 출력값이 변경되는 것이다. 입력
i_a와 i_b가 sensitivity 리스트에 포함되어 있어, 리스트에 있는 신호의 값이 변할 때마다

출력이 결정된다. 두 번째 덧셈기 adder_1의 붉은색 출력 (o_sum_1)은 입력 i_b가 변경되었지만 sensitivity 리스트에 포함되지 않아 출력값이 7로 변하지 않는다. 따라서 정상적인 동작의 덧셈기를 기술하지 않는다. 실제로 이렇게 입력이 변했을 때 선별적으로 동작하는 회로를 구현하는 것이 더욱 어려운 일이다. sensitivity 리스트에 포함되어야 하는 신호가 누락되면 대부분의 시뮬레이터가 경고(warning) 메시지를 출력한다.

4.3.4 if-else

하드웨어 구현을 위해서, 주로 always 블록 안에서만 If-else문을 사용한다. 조합회로에서는 else 구문을 사용하여 디폴트값을 정해 줘야 한다. 만약 디폴트값을 정하지 않으면 하드웨어 합성 시, 정의되지 않은 조건 때문에 그 전의 출력값을 유지하기 위한 래치(latch)가 생성된다. 다음 코드는 always 블록 안에서 if-else문을 사용하는 예시이다. if-else문은 중첩이 가능하다.

```
always @ (sensitivity list) begin
    if (<expression>) begin
        statement(s);
    end
    else begin
        if (<expression>)
            statement(s);
        else if (<expression>)
            statement(s);
        else
            default statement(s);
    end
end
```

순차적으로 쓰여 있는 if-else if문에서 실행 조건이 만족되는 경우 가장 위에 기술된 구문이 우선 실행된다. 또한, 실행 조건이 중복되면 실행 순서를 결정하는 회로가 추가로 생성된다. 조합회로를 모델링하는 경우 가능한 모든 케이스에 대한 출력을 정의해 주지 않으면 래치(latch)가 생성되므로 주의해야 한다. 대부분의 컴파일러는 래치가 생성되는 경우 경고(warning) 메시지를 출력한다.

다음 코드의 경우 sel이 2'b11인 경우가 기술되어 있지 않다. 따라서 컴파일러는 sel 신호가 2'b11이 된 경우에 출력의 이전 값을 유지하기 위하여 래치를 생성한다. 이런 의도하지 않은 래치 생성을 막기 위해서는 else문으로 기본값을 지정하거나 else if문으로 sel이 2'b11인 경우의 출력을 지정해 래치가 생성되는 것을 막아야 한다.

```
always @ ( sel ) begin
    if (sel == 2'b00) out = a;
    else if (sel == 2'b01) out = b;
    else if (sel == 2'b10) out = c;
end
```

4.3.5 case

case문은 if-else 구문과 마찬가지로 always 블록에서 사용한다. 하드웨어로의 합성을 위해서는 always 블록 안에서만 사용한다. case문의 경우 논리값 0, 1, x, z를 실행할 구문을 선택하는 아이템으로 사용할 수 있다. default 구문의 사용은 선택 사항이지만 래치 생성을 방지하기 위해 사용하는 것이 좋다. case문을 사용한 회로 기술 예는 다음 코드와 같다. 래치 생성을 방지하기 위해 꼭 default를 사용하도록 하자. case문을 사용할 때 특정 아이템에 여러 구문을 사용할 경우 begin-end 키워드를 사용하여 블록으로 지정해야 한다.

```
always @ (sensitivity list) begin
    case (case_expression)
        <item1> : begin
            statement1;
            statement2;
            statement3;
        end
        <item2> : statement4;
        ...
        default : default statement;
    endcase
end
```

각 case문의 구문에는 여러 아이템을 사용할 수 있다. 다음 코드는 하나의 case 구문
에 두 개의 아이템값이 할당되어 있는 기술 예이다.

```
always @ (a) begin
    case (a)
        2'b00, 2'b01 : statement1;
        2'b10, 2'b11 : statement2;
        default : default statement;
    endcase
end
```

4.3.6 조합회로 설계 요약

조합회로의 Verilog HDL 기술 방법을 정리하면 다음과 같다.

• 간단한 조합회로는 assign을 이용하여 기술한다.

```
assign out = sel ? in_a : in_b;
```

- 조합회로를 기술하기 위해서는 always @ (sensitivity list)와 blocking을 이용하여 기술한다.

```
always @ (sensitivity list 1) begin
    ...
    ...
    회로 1 기술
    ...
end
```

- always 안에 assign을 쓰지 않는다. always에서 결정되는 신호는 reg로, assign으로 결정되는 신호는 wire로 선언한다.

Verilog HDL은 회로를 기술하기 위한 언어이므로, 회로의 구조가 보이도록 기술하는 것을 권장한다. 결과물은 코드 자체가 아니라 합성한 후의 회로이다. 간단한 기술이 간단한 회로를 구현하지 않는다는 것을 명심하여야 한다. 또한, 프로그래밍이 아니라 하드웨어 설계를 위한 언어임을 생각하여야 한다.

4.4 데이터 전송 조합회로(Data Logic)

4.4.1 인코더와 디코더 (Encoder and Decoder)

디지털 시스템은 데이터를 0과 1로 표시하며, 2진, BCD, 10진, Gray, ASCII 코드 등으로 표현한다. 신호를 특정 코드로 변환시키는 회로를 인코더(encoder)라 하며, 특정 코드를 분석하여 해당하는 신호를 출력하는 조합회로를 디코더(decoder)라고 한다.

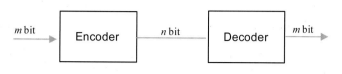

[그림 4-6] 디지털 데이터 전송

예를 들면 [그림 4-6]과 같이 디지털 데이터를 전송할 때 송신 측에서 정보 전송에 알맞은 코드로 데이터를 인코딩하여 보내면, 수신 측에서는 코드를 디코딩하여 원래의 데이터를 복원한다. 즉 m비트의 데이터를 인코더는 n비트의 코드로 변환하고, 디코더는 n비트의 코드를 m비트의 데이터로 복원한다.

좁은 의미의 인코더는 m개의 입력 신호 중 1개만이 1이 되면, 1이 된 신호에 대응하는 n개의 비트를 가진 코드가 출력되는 조합회로이다. 이와 반대로, 디코더는 인코더와 반대로 m비트의 코드를 입력하고, 그에 대응하는 하나의 출력 신호를 1로 하는 조합논리회로이다. [그림 4-7]은 4×2 인코더 및 2×4 디코더 모듈과 진리표를 나타낸다. 인코더의 입력은 4비트이며, 4개의 입력 중 하나만이 1일 때, 각각 {00, 01, 10, 11}의 출력을 내보낸다. 디코더는 2비트 입력 {00, 01, 10, 11}에 대하여 출력 4개 중 하나만 1이 되고 나머지는 0이 된다.

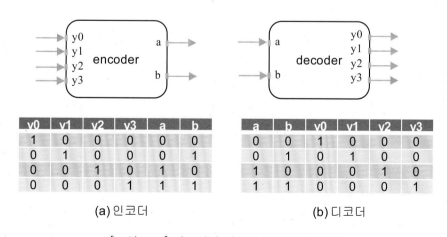

y0	y1	y2	y3	a	b
1	0	0	0	0	0
0	1	0	0	0	1
0	0	1	0	1	0
0	0	0	1	1	1

(a) 인코더

a	b	y0	y1	y2	y3
0	0	1	0	0	0
0	1	0	1	0	0
1	0	0	0	1	0
1	1	0	0	0	1

(b) 디코더

[그림 4-7] 인코더와 디코더 모듈 및 진리표

디코더와 인코더를 기술한 Verilog 코드 예는 다음과 같다.

```verilog
module encoder(
          y0, y1, y2, y3,
          a, b );
    input y0, y1, y2, y3;
    output a, b;
assign a= ~y0 & ~y1;
assign b= ~y0 & ~y2;

endmodule
```

```verilog
module decoder(
          a, b,
          y0, y1, y2, y3);
input a, b;
output reg y0, y1, y2, y3;

always @ (a or b) begin
case({a,b})
    2'b00: {y0,y1,y2,y3}=4'b1000;
    2'b01: {y0,y1,y2,y3}=4'b0100;
    2'b10: {y0,y1,y2,y3}=4'b0010;
    2'b11: {y0,y1,y2,y3}=4'b0001;
    endcase
end
endmodule
```

4.4.2 우선순위 인코더 (Priority Encoder)

Priority 인코더 회로를 casex를 사용하여 기술하면 다음과 같다.

```verilog
module priority_encoder(a,
                      y);

input      [3:0] a;
output reg [3:0] y;

always @(a) begin
    casex(a)
        4'b1xxx: y = 4'b1000;
        4'b01xx: y = 4'b0100;
        4'b001x: y = 4'b0010;
```

```
        4'b0001: y = 4'b0001;
        default: y = 4'b0000;
    endcase
end

endmodule
```

4.4.3 7 세그먼트 디코더

디지털 시계, 휴대용 계산기, 계측기기 등의 숫자 표시는 [그림 4-8]과 같은 a, b, c, d, e, f, g의 7개의 LED 중 몇 개에 순방향 전압을 걸어서 LED를 발광시켜 숫자를 밝게 표시한다. 7 세그먼트 디스플레이에는 애노드를 공통으로 하는 common anode와 캐소드를 공통으로 하는 common cathode 두 가지 타입이 있다.

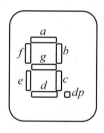

[그림 4-8] 7 세그먼트

다음 코드는 common cathode 방식의 7 세그먼트 디코더를 case를 사용해서 기술한 예이다. 입력 i_data는 4비트로 모두 16가지의 입력 조합을 가지고 있으나, case 구문에는 0~9까지의 10개 입력에 대한 출력을 지정하고 있다. 이때 default로 출력값을 지정하지 않으면 래치가 생성된다. 꼭 default를 사용하도록 하자. default에서 입력이 10 이상일 때 출력값을 0으로 정의하였다. case나 if에서 모든 가능한 경우의 수에 대하여 출력값이 결정되지 않으면 래치가 생성되기 때문에 주의해야 한다.

```
module dec_7seg(
                i_data,
                o_seg);

input [3:0] i_data;
output reg [6:0] o_seg;

always @(i_data) begin
    case (i_data)
        0: o_seg = 7'b111_1110;
        1: o_seg = 7'b011_0000;
        2: o_seg = 7'b110_1101;
        3: o_seg = 7'b111_1001;
        4: o_seg = 7'b011_0011;
        5: o_seg = 7'b101_1011;
        6: o_seg = 7'b101_1111;
        7: o_seg = 7'b111_0000;
        8: o_seg = 7'b111_1111;
        9: o_seg = 7'b111_1011;
        default: o_seg = 7'b000_0000;
    endcase
end

endmodule
```

4.4.4 멀티플렉서(Multiplexer)

Multiplexer(MUX)는 여러 개의 입력 중 데이터를 선택하는 조합 회로이다. [그림 4-9]는 멀티플렉서의 심볼과 진리표를 나타낸다. 다음 예는 assign과 always를 사용하여 기술한 멀티플렉서 코드 예이다. 여러 개의 넷이 하나의 출력을 동시에 드라이브하지 않게 하기 위해서, 즉 사자와 호랑이가 싸우지 않게 하기 위해서 MUX를 유용하게 사용할 수 있다.

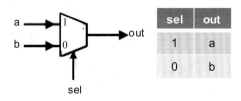

sel	out
1	a
0	b

[그림 4-9] 멀티플렉서 심볼과 진리표

```
module mux_2to1_wire (
                        a,
                        b,
                        sel,
                        out);
input a, b, sel;
output out;

assign out= (a&sel) | (b&~sel);


endmodule
```

```
module mux_2to1_reg (
                        a,
                        b,
                        sel,
                        out);
input a, b, sel;
output reg out;

always @ (a or b or sel) begin
    if (sel) out=a;
    else out=b;
end

endmodule
```

4.4.5 Tri-state 버퍼(Tri-state Buffer)

Tri-state 버퍼는 버스를 구현하기 위하여 사용된다. [그림 4-10]은 Tri-state 버퍼의 심볼과 진리표를 나타낸다. Enable(en) 입력이 1일 때 입력을 출력으로 전달하는 일반적인 버퍼로 동작하며, Enable 입력이 0일 때 출력은 z가 된다.

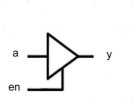

en	A	y
0	0	Z
0	1	Z
1	0	0
1	1	1

[그림 4-10] Tri-state 버퍼 심볼 및 진리표

Tri-state 버퍼를 Verilog HDL로 기술하면 다음과 같다.

```
module tristate4(a, en, y);
input  [3:0] a;
input       en;
output [3:0] y;
    assign y = en ? a : 4'bz;
endmodule
```

4.5 산술연산 조합회로(Arithmetic Logic)

두 2진수의 덧셈에서 LSB 두 비트의 덧셈은 캐리를 포함해서 두 비트의 출력이 필요
하다. 이렇게 입력이 2비트이고 출력이 2비트인 덧셈기를 반가산기(half adder)라고 한다.
반면에 높은 자리 비트의 덧셈에서는 아랫자리에서 올라오는 캐리까지 더해야 하므로,
3개의 입력이 필요하다. 이렇게 3비트의 입력과 2비트의 출력을 가지는 덧셈기를 전가
산기(full adder)라 한다.

4.5.1 반가산기(Half Adder)

Half adder의 블록 다이어그램, 진리표를 나타내면 [그림 4-11]과 같다. 덧셈 결과 (sum)와 캐리 출력(cout)을 논리식으로 나타내면 다음과 같다.

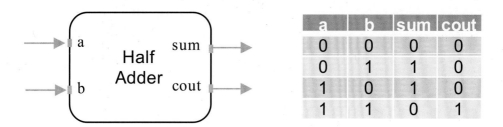

a	b	sum	cout
0	0	0	0
0	1	1	0
1	0	1	0
1	1	0	1

[그림 4-11] Half Adder의 모듈과 진리표

$$sum = a'b + ab' = a \oplus b$$

$$cout = ab$$

따라서 half adder는 [그림 4-12]와 같이 1개의 XOR 게이트와 1개의 AND 게이트로 구현할 수 있다.

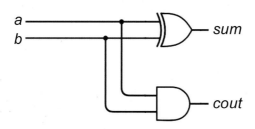

[그림 4-12] Half Adder 회로

Half Adder를 Verilog로 기술하면 다음과 같다.

```
module half_adder(a, b,                 module half_adder(a, b,
                  sum,                                     sum,
                  cout);                                   cout);
input a, b;                             input a, b;
output sum;                             output reg  sum;
output cout;                            output reg cout;
assign sum=a^b;                         always @ (a or b)
assign cout=a&b;                            {cout, sum}= a+b;

endmodule                               endmodule
```

4.5.2 전가산기(Full Adder)

상위 비트의 덧셈에서는 바로 아랫자리에서 올라오는 캐리(cin)까지 더하여 결괏값을
출력해야 하므로, 3비트 입력과 2비트 출력이 필요하다. Full adder의 모듈과 진리표는
[그림 4-13]과 같다.

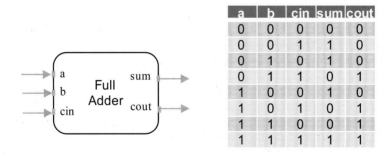

a	b	cin	sum	cout
0	0	0	0	0
0	0	1	1	0
0	1	0	1	0
0	1	1	0	1
1	0	0	1	0
1	0	1	0	1
1	1	0	0	1
1	1	1	1	1

[그림 4-13] Full Adder 모듈과 진리표

위 진리표로부터 각 출력에 대한 카노맵을 그리면 [그림 4-14]와 같고, 각 출력의 논
리식은 다음과 같이 표현된다.

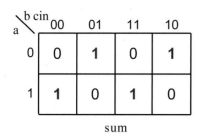
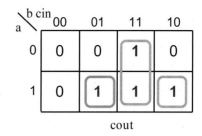

[그림 4-14] Full Adder 카노맵

$$sum = a \oplus b \oplus cin$$

$$cout = ab + (a \oplus b)cin$$

따라서 full adder의 논리회로는 half adder 두 개와 OR 게이트 1개로 [그림 4-15]와
같이 구현할 수 있다.

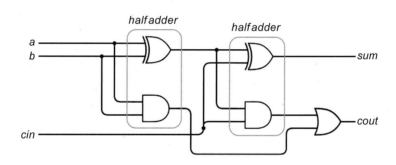

[그림 4-15] Full Adder 회로

Full adder를 Verilog 로 기술하면 다음과 같다.

```
module full_adder(a, b,cin,
                  sum,
                  cout);
input a, b, cin;
output sum;
output cout;
assign sum=a^b^cin;
```

```
module full_adder(a, b,cin,
                  sum,
                  cout);
input a, b, cin;
output reg  sum;
output reg cout;
always @ (a or b or cin)
```

```
assign cout = (a&b) | (cin&(a^b));        {cout, sum}= a+b+cin;

endmodule                                 endmodule
```

4.5.3 Ripple Carry Adder

2개의 n비트 2진수 덧셈을 위해서는 n개의 full adder를 병렬로 연결하여 구현할 수 있다. [그림 4-16]은 4비트 2진수 $A(A_3A_2A_1A_0)$와 $B(B_3B_2B_1B_0)$를 더하는 덧셈기이다. LSB 로부터 출발하여 A_i와 B_i 및 그 아랫자리에서 올라오는 캐리 C_{i-1}을 합하는 full adder의 출력을 S_i 및 C_i라고 하면 전체 덧셈 결과는 $C_3S_3S_2S_1S_0$가 된다. C_{-1}는 0이다. 캐리가 LSB에서 MSB 쪽으로 물결처럼 전달되어 가서 ripple carry adder라고 한다.

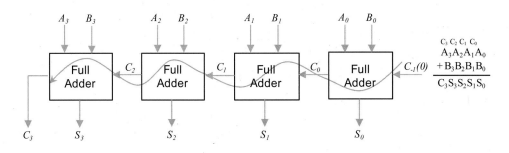

[그림 4-16] Ripple Carry Adder

4비트 리플 캐리 덧셈기의 critical path를 나타내면 [그림 4-17]과 같다. 4비트 덧셈 기의 경우, LSB에서 XOR, AND, OR 게이트를, 나머지 비트에서는 AND와 OR 게이트를 통과하여 캐리가 연산 되어 전체 지연 시간(delay)은 $D_{XOR}+4(D_{AND}+D_{OR})$이다. 즉 4비트 덧셈 연산을 위해서는 최대 9개의 게이트 딜레이 시간을 필요로 한다. 일반적으로, N비 트 ripple carry adder의 경우 비트 수 N에 비례하는 $D_{XOR}+N\times(D_{AND}+D_{OR})$의 연산 시간 을 필요로 한다.

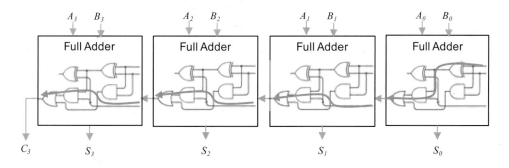

[그림 4-17] Ripple carry adder의 critical path

4.5.4 Carry Look-Ahead Adder(CLA)

Ripple Carry Adder의 경우 비트 수가 늘어날수록 이에 비례하는 연산 시간을 필요로 한다. 즉 비트 수가 늘어날수록 캐리가 LSB부터 순차적으로 전파되어야 해서, 비트 수에 비례하여 연산 시간이 늘어난다. Carry Look-Ahead Adder(CLA)도 원칙적으로는 캐리를 전파하는 ripple carry adder와 비슷하지만, critical path를 결정하는 carry 연산 시간을 줄이기 위해서 여러 비트 덧셈에 대한 캐리를 한 번에 계산한다. [그림 4-18]은 4비트 CLA를 이용해서 구현한 32비트 덧셈기의 블록도이다.

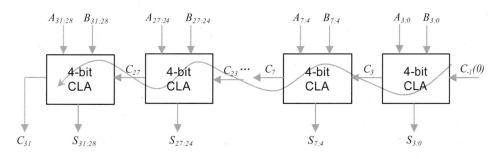

[그림 4-18] Carry Look-Ahead Adder를 이용한 32비트 덧셈기

캐리를 계산하기 위해서 i번째 비트 덧셈에서 캐리를 발생(generate)시키는 신호(G_i)와 입력된 캐리를 출력으로 전파(propagation)시키는 신호(P_i)를 계산한다.

- $G_i = A_i \cdot B_i$
- $P_i = A_i + B_i$

i번째 비트 덧셈에서 캐리가 발생하는 경우는 입력 A_i와 B_i가 모두 1일 때이다. 또한, i번째 캐리 입력이 캐리 출력으로 전달되는 경우는 입력 A_i와 B_i가 적어도 하나가 1일 때이다. i번째 비트 덧셈에서의 캐리 출력 C_i를 G_i와 P_i로 나타내면 다음과 같다.

- $C_i = A_i B_i + (A_i + B_i) C_{i-1} = G_i + P_i C_{i-1}$

G_i와 P_i는 입력 A_i와 B_i값이 결정되면, 바로 계산할 수 있으며, 각각 AND 게이트와 XOR 게이트를 필요로 하므로 1개의 게이트 딜레이만큼의 연산 시간이 소요된다.

1비트 full adder를 generate(G)와 propagation(P)를 이용하여 기술하면 다음과 같다. structural 모델에서 설명한 것과 같이 복잡한 설계는 간단한 모듈의 연결망으로 표현하고 내부 노드를 선언하여 설계하는 것이 유용하다. 이때 내부 노드를 표현하기 위하여 wire가 사용되고, wire로 선언된 신호는 꼭 assign 구문을 사용하여 기술되어야 한다.

예를 들면 다음의 전가산기 회로에서 내부 노드인 g와 p 신호를 wire로 선언하여 기술할 수 있다. 이러한 기술의 목적은 설계상 중요한 신호인 p와 g의 신호가 합성한 후 같은 이름을 가지고 있어 설계 검증 시 가독성을 향상시키기 위하여 사용된다.

```
module fa (a, b, cin,
           s, cout);

input  a, b, cin;
output s, cout;
wire p, g;            // internal nodes

assign p = a ^ b;
assign g = a & b;
```

```
assign s = p ^ cin;
assign cout = g | (p & cin);

endmodule
```

4비트 CLA에 대한 캐리 출력 C_3를 계산하면 다음과 같다.

$$C_0 = G_0 + P_0 C_{-1}$$

$$C_1 = G_1 + P_1 C_0 = G_1 + P_1 G_0 + P_1 P_0 C_{-1}$$

$$C_2 = G_2 + P_2 C_1 = G_2 + P_2 G_1 + P_2 P_1 G_0 + P_2 P_1 P_0 C_{-1}$$

$$C_3 = G_3 + P_3 C_2 = G_3 + P_3 G_2 + P_3 P_2 G_1 + P_3 P_2 P_1 G_0 + P_3 P_2 P_1 P_0 C_{-1} = G_{3:0} + P_{3:0} C_{-1}$$

4비트 블록에 대해서 캐리가 발생하는 신호인 $G_{3:0}$과 캐리를 전달하는 $P_{3:0}$은 다음과 같이 나타낼 수 있다.

- $G_{3:0} = G_3 + P_3 G_2 + P_3 P_2 G_1 + P_3 P_2 P_1 G_0$
- $P_{3:0} = P_3 P_2 P_1 P_0$

즉 CLA 블럭의 캐리 출력 $C_i = G_{i:j} + P_{i:j} C_{J-1}$이다. 4비트 CLA의 경우, 1개의 AND 게이트와 2개의 OR 게이트를 이용하여 캐리를 계산할 수 있으며, 지연 시간은 $D_{AND} + 2 \times D_{OR}$이다. 4비트 덧셈 연산에서 캐리 출력을 계산하기 위해서는 최대 3개의 게이트 딜레이 시간을 필요로 한다.

Ripple carry adder가 4비트 덧셈에서 캐리를 계산하는데 최대 9개의 게이트 딜레이를 필요로 했던 것과 비교하면, CLA는 최대 3배 빠른 속도로 덧셈을 할 수 있다. 위 식에서 알 수 있듯이 CLA가 ripple carry adder에 비해 하드웨어는 훨씬 더 많이 사용하여 구현된다.

4.5.5 Prefix Adder

덧셈기의 연산 속도를 높이기 위해서 Carry Look-Ahead Adder(CLA)를 소개하였으나, CLA 또한 캐리가 LSB 쪽에서 MSB 쪽으로 순차적으로 전달되는 ripple carry adder의 종류이다. 즉 연산 시간이 빨라지기는 했지만 여전히 덧셈기의 비트 수(N)에 비례하는 지연 시간을 필요로 한다.

j번째 비트에서 i비트 블록의 덧셈에서, i와 j 사이에 위치한 k번째 비트를 사용하여 generation($G_{i:j}$)과 propagation($P_{i:j}$)를 표현하면 다음과 같다.

- $G_{i:j}=G_{i:k} + P_{i:k}G_{k-1:j}$
- $P_{i:j}=P_{i:k}P_{k-1:j}$

즉 2비트 블록에 대해서 generation(G)와 propagation(P)를 계산하면, 2비트 블록 두 개를 포함하는 3비트 블록에 대한 G와 P를 계산할 수 있다. 이렇게 4비트 블록, 그리고 8블록 등등 더욱 큰 비트 블록에 대한 P와 G의 값을 미리 계산할 수 있다. 이렇게 하여 덧셈이 필요한 캐리를 빠르게 미리 계산하는 덧셈기를 prefix adder라 한다. 비트 블록에 대한 연산이 동시에 이루어지므로 병렬 덧셈기라고 부르기도 한다.

i번째 비트에 대한 덧셈 결과 S_i는 다음과 같다.

$$S_i=(A_i \oplus B_i) \oplus C_{i-1}$$

캐리는 발생되거나 전파되므로, -1열에서의 generation(G_{-1})을 캐리 입력 C_{in}, propagation(P_{-1})은 0으로 나타낼 수 있다. 따라서 $i-1$에서 -1 비트열에서의 캐리 출력 C_{i-1}은 $G_{i-1:-1}$이다. 즉 i번째 덧셈 결과 S_i는 다음과 같다.

$$S_i=(A_i \oplus B_i) \oplus G_{i-1:-1}$$

[그림 4-19]는 4비트 prefix 덧셈기 연산 방법을 나타낸다. 병렬로 두 블록씩 묶어서 generation과 propagation을 계산하므로, N비트 prefix adder의 지연 시간은 log_2N에 비례한다.

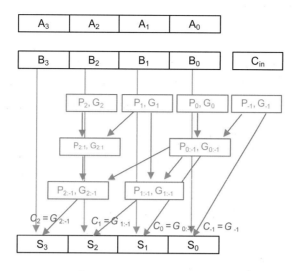

[그림 4-19] Prefix Adder

32비트 덧셈기를 Verilog로 기술하면 다음과 같다. Ripple carry adder는 상대적으로 연산 속도가 느린 대신에 하드웨어 크기가 작고, prefix adder는 연산 속도가 빠르지만 많은 수의 게이트로 구현되어 하드웨어의 크기가 크다. 아래와 같이 기술하면, 주어진 제약 조건(constraint)에 따라 합성기(synthesizer)가 적절한 구조의 덧셈기로 구현한다. 특정한 구조의 덧셈기를 모델하고자 할 때는, 더욱 낮은 수준의 structural 모델링을 하면 된다.

```verilog
module full_adder(a, b, cin,
              sum,
              cout);

parameter N = 32;

input [N-1:0] a, b, cin;
output [N-1:0] sum;
output cout;

assign {cout, sum} = a + b + cin;

endmodule
```

4.5.6 비교기(Comparator)

두 2진수의 크기를 비교하는 회로를 비교기(comparator)라 한다. [그림 4-20]은 2비트의 2진수 a, b를 비교하는 비교기 모듈과 진리표이다. a와 b가 같으면 eq(equal)이 1이 되고, $a > b$인 경우 gt(greater than)만이 1이 되고, 또 $a < b$인 경우에는 lt(less than)만이 1이 된다.

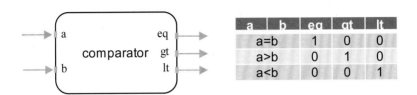

a	b	eq	gt	lt
a=b		1	0	0
a>b		0	1	0
a<b		0	0	1

[그림 4-20] 비교기 모듈 및 동작

비교기를 Verilog로 기술하면 다음과 같다.

```
module comparator(a, b,
            eq,        // HIGH when a=b
            gt,        // HIGH when a>b
            lt);       // HIGH when a<b


parameter N = 32;


input [N-1:0] a, b;
output reg eq, gt, lt;

always @ (a or b) begin
    if(a==b) begin
        eq=1'b1;
        gt=1'b0;
        lt=1'b0;
    end
    else if(a>b) begin
        eq=1'b0;
        gt=1'b1;
```

```
        lt=1'b0;
    end
    else begin
        eq=1'b0;
        gt=1'b0;
        lt=1'b1;
    end
end
endmodule
```

4.6 조합회로 테스트 벤치(Testbench)

테스트 벤치는 가상의 검증 환경으로, 검증하고자 하는 디자인에 적절한 입력 신호 (stimulus)를 인가하고 그에 따른 출력을 확인하여 설계한 회로의 기능을 검증하는 모듈이다. 다음 Verilog 코드는 조합회로 설계에서 다룬 간단한 조합회로이다.

```
module ex_behavioral(x, y, z, f);
input  x, y, z;
output f;
    assign f = ~x & y & z | ~x & y & ~z | x & z;
endmodule
```

4.6.1 간단한 테스트 벤치 (Simple Testbench)

조합회로를 검증하기 위해서는 다음과 같이, 검증하고자 하는 모듈을 인스턴스화 하고 각 입력 신호의 파형을 표현하는 테스트 벤치를 작성한다.

• 테스트 벤치 모듈은 입출력이 없다.

- 검증하고자 하는 모듈의 입력 신호를 모두 reg 형태로 선언한다.

- 모든 출력 신호를 wire 형태로 선언한다.

- 테스트하고자 하는 모듈을 인스턴스화 하고, 선언한 신호를 해당하는 포트에 연결한다. 입력 신호의 파형을 기술한다.

```verilog
`timescale  1ns/1ps

module tb_ex_behavioral();
reg  x, y, z;
wire f;

// instantiate the module under test
ex_behavioral U0(.x(x), .y(y), .z(z), .f(f));

// define the input stimuli
initial begin
    x = 0; y = 0; z = 0; #10;
    x = 1; #10;
    x = 0; y = 1; #10;
    x = 1; #10;
    x = 0; y = 0; z = 1; #10;
    x = 1; #10;
    x = 0; y = 1; #10;
    x = 1; #10;

end

endmodule
```

위 코드에서 기술한 입력 x, y, z를 파형으로 나타내면 [그림 4-21]과 같다. 입력이 3개인 조합회로이므로 입력 가능한 조합 8가지를 모두 포함하는 파형을 회로에 입력하고, 출력이 원하는 결과가 나오는지 시뮬레이션을 통해 확인한다.

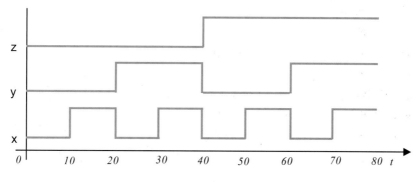

[그림 4-21] 조합회로를 검증하기 위한 입력 파형

4.6.2 스스로 확인하는 테스트 벤치(Self-Checking Testbench)

　Self-checking 테스트 벤치는 입력에 따라 예상되는 출력값의 정보를 포함하고 있어, 오류 발생 여부를 사람의 육안이 아닌 시뮬레이터가 검증하도록 하는 방법이다.

　설계하는 회로의 입력과 출력의 수가 많으면, 시뮬레이션 결과 파형을 매번 확인하는 데 어려움이 있으며, 실수를 할 수도 있다. 시스템 태스크를 적절히 사용하면 시뮬레이션 결과를 자동으로 확인하는 테스트 벤치를 작성할 수 있다.

```verilog
`timescale  1ns/1ps

module tb_ex_behavioral_selfchecking();
reg  x, y, z;
wire f;

// instantiate the module under test
ex_behavioral U0(x, y, z, f);

// define the input stimuli
initial begin
    x = 0; y = 0; z = 0; #10;
```

```
    if (f !== 0) $display("000 failed.");
    x = 1; #10;
    if (f !== 0) $display("001 failed.");
    x = 0; y = 1; #10;
    if (f !== 1) $display("010 failed.");
    x = 1; #10;
    if (f !== 0) $display("001 failed.");
    x = 0; y = 0; z = 1; #10;
    if (f !== 0) $display("100 failed.");
    x = 1; #10;
    if (f !== 1) $display("101 failed.");
    x = 0; y = 1; #10;
    if (f !== 1) $display("110 failed.");
    x = 1; #10;
    if (f !== 1) $display("111 failed.");

    $display("test success");
end

endmodule
```

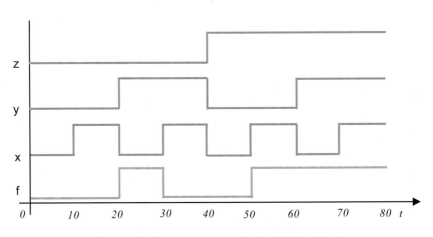

[그림 4-22] 조합회로의 입력과 예상하는 출력

[그림 4-22]는 설계하는 조합회로의 입력에 따른 예상되는 출력값을 나타낸다. 각 입력에 따라 원하는 출력이 실제 시뮬레이션 결괏값과 같은지 비교하고, 다를 경우에 $display 시스템 태스크를 이용하여 오류가 있음을 출력하도록 한다. Verilog HDL을 이용하여 하드웨어를 기술하고 검증할 때, self-checking 테스트 벤치를 작성하기를 권장한다.

05

Verilog HDL

순차회로(Sequential Logic)

5.1 기억소자(Memory)

조합회로는 출력이 현재 인가되는 입력의 조합에 의해서만 결정되지만, 순차회로는 출력이 현재의 입력 조합뿐만 아니라 현재 회로의 상태에도 의존하는 회로이다. 즉 출력이 현재의 입력과 과거의 입력 정보를 포함하여 결정되는, 기억 소자를 포함하는 회로를 순차회로라 한다.

과거의 입력 정보 중에 출력에 영향을 미치는 중요한 정보를 상태(state)라 한다. 예를 들면 자동판매기의 경우 입력받은 돈의 액수가 중요하다. 이를 state에 저장하고, 입력된 돈의 순서는 꼭 저장할 필요는 없다. 이러한 state는 비트 세트로 나타내어지며 기억 소자에 저장된다.

5.1.1 SR 래치(SR Latch)

SR 래치는 간단한 기억 소자의 하나로 순차회로를 구현하는 데 사용된다. 2개의 NOR 게이트를 사용하여 한쪽의 출력을 다른 한쪽의 입력에 피드백(feedback) 시킨 회로를 SR 래치라고 한다.

SR 래치는 두 개의 입력 S(set)과 R(reset) 입력이 있으며, 출력 Q와 Q의 부정 두 개의 출력이 있다.

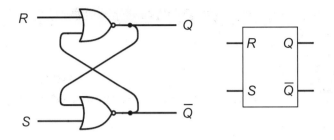

[그림 5-1] SR Latch

- S=1, R=0: Q는 1된다. (SET)

- S=0, R=1: Q=0이 된다. (RESET)

- S=0, R=0: Q는 이전 출력이 유지된다.

- S=1, R=1: Q=0이 되나, NOT 관계여야 하는 $\bar{Q}$ 또한 0이 되어 사용하지 않는다.

5.1.2 D 래치(D Latch)

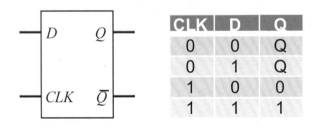

CLK	D	Q
0	0	Q
0	1	Q
1	0	0
1	1	1

[그림 5-2] D Latch

　　D 래치는 출력이 언제(CLK) 바뀔 것인지, 어떤 값으로(D) 바뀔 것인지의 2개의 입력으로 표현하여 SR 래치의 단점을 보완한다. D 래치는 CLK이 1일 때 D 입력값을 출력 Q에 전달하고, CLK이 0일 때, D 입력값은 무시되고 Q값이 유지되어 메모리로 동작한다.

　　D 래치는 SR 래치를 이용하여 구현할 수 있다. CLK이 0일 때는 그 전 출력을 유지해야 하므로 S=0, R=0의 입력을 SR 래치에 인가한다. CLK이 1이고 D가 0이면, 출력이 0이 되어야 하므로 S=0, R=1의 입력을 SR 래치에 인가하고, CLK이 1이고 D가 1이면 출

력은 1이 되어야 하므로 $S=1$, $R=0$의 입력을 SR 래치에 인가한다. SR 래치를 이용하여 구현한 D 래치는 [그림 5-3]과 같다.

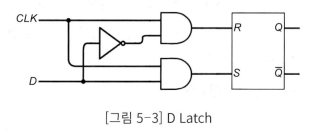

[그림 5-3] D Latch

[그림 5-4]는 입력에 따른 D 래치의 출력 파형을 나타낸다. CLK이 0일 때는 출력 Q 값을 유지하고, CLK이 1일 때 입력 D값을 출력으로 전달한다. 이때 CLK이 1일 동안 입력 D값이 변하게 되면 출력 Q값도 같이 변하게 된다.

[그림 5-4]에 표현된 D 래치의 동작을 보면, 클럭(CLK)이 0인 동안 출력은 빨간색으로 나타낸 것처럼 그 전 입력을 유지한다. 클럭이 1일 동안에 입력 D값이 변하면 그 값은 출력에 그대로 전달된다. A와 B의 경우 클럭이 0인 동안에 입력이 변하여 다음 클럭이 1일 때 그 출력이 변한다. C와 D의 경우 클럭이 1인 동안에 입력 D값이 변하여 그 입력이 출력으로 바로 전달된다. 이때 출력 Q가 1인 구간이 클럭의 한 주기보다 짧음을 알 수 있다. E의 경우, 클럭이 1인 동안에 입력 D가 짧은 시간 1이 되었다 다시 0이 되는 경우 입력이 출력으로 그대로 전달됨을 볼 수 있다.

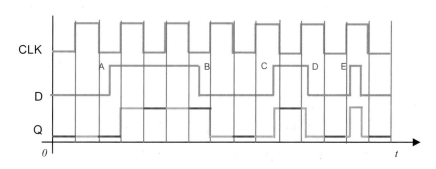

[그림 5-4] D 래치의 동작 예

D 래치를 Verilog 코드로 나타내면 다음과 같다. D 래치는 클럭(clk)이 1일 동안에는 입력 값을 q에 저장하고, clk이 0일 동안은 q값을 유지한다. D 래치는 글리치(glitch)같은 원하지 않는 입력이 clk이 1일 동안 전달될 수 있는 가능성이 있기 때문에, 일반적으로 D 래치를 설계에 사용하지 않는다. 특히 D 래치를 필요에 의해 사용할 때는 특별한 주의를 기울여야 한다. 코드에서 클럭이 1일 때 출력 q는 d로 할당하였지만, clk이 0일 때 출력값을 정하지 않아 래치가 생성된다.

```verilog
module d_latch(clk,
               d,
               q);

input      clk;
input      d;
output reg q;

always @ (clk or d) begin
    if (clk) q = d;

end
endmodule
```

5.1.3 D 플립플롭(D Flip-Flop)

D 플립플롭은 D 래치의 단점을 보완하여 clock의 상승 또는 하강 에지에 입력값을 출력에 전달하고, 그 외에는 출력값을 유지하는 기억 소자로서, 출력이 한 주기 동안 유지되는 특성을 가지고 있다. D 플립플롭은 두 개의 D 래치를 이용하여 [그림 5-5]와 같이 구현된다.

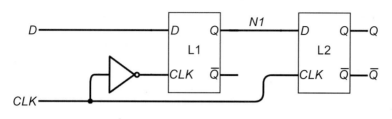

[그림 5-5] D 래치를 이용한 D 플립플롭

클럭(*CLK*)이 0일 때, *L1*은 입력 *D*을 *N1*에 전달하고, *L2*는 *Q*값을 유지한다. 클럭이 1
일 때, *L2*는 *N1*의 값을 *Q*로 전달하고, *L1*은 *N1*의 값을 유지한다. 이렇게 하여 *D*의 값이
클럭의 상승(positive) 에지(edge)에 *Q*값으로 전달되고, 그 이외에는 *Q*값이 유지되는 동작
을 하게 된다. [그림 5-6]은 D 플립플롭의 심볼을 나타낸다. 클럭 에지에 동작하기 때문
에 클럭(*CLK*) 신호에 삼각형 표시가 있다.

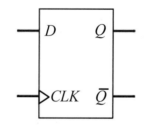

[그림 5-6] D 플립플롭의 심볼

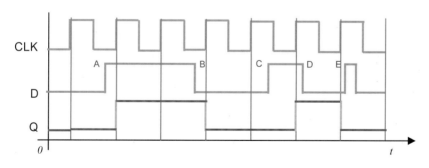

[그림 5-7] D 플립플롭의 동작 예

D 플립플롭의 입력에 따른 출력 파형은 [그림 5-7]과 같다. 클럭의 상승 에지에서의
입력 *D*값이 샘플 되고 출력은 한 주기 기간 동안 같은 값이 보장된다. 입력 *C*와 *D*에 대

한 D 래치의 출력이 한 주기보다 짧았던 것과 비교하면 출력이 1로 한 주기의 시간 동안 보장된다. 또한, E와 같이 잠깐 변하는 신호, 예를 들면 글리치(glitch)가 출력으로 전달되지 않음을 볼 수 있다.

D 플립플롭 외에도 T 플립플롭, SR 플립플롭, JK 플립플롭 등이 있으나, 최근 디지털 시스템은 대부분 반도체로 구현되며, D 플립플롭만을 주로 사용한다.

D 플립플롭을 Verilog로 기술하면 다음과 같다. 플립플롭의 출력은 항상 reg로 선언한다. reg로 선언된 신호는 코딩 스타일에 따라 플립플롭 또는 조합회로로 합성된다. 순차회로는 always 구문의 sensitivity 리스트에 클럭의 에지 정보를 포함한다. 즉 sensitivity 리스트에 클럭이 포함되면 플립플롭으로 합성된다. always @ (posedge clock)은 입력을 clock의 상승 에지에 샘플하며, always @ (negedge clock)은 clock의 하강 에지에 입력을 샘플하는 플립플롭을 기술한다.

```verilog
module flipflop(clk,
                d,
                q);
input       clk;
input   [3:0] d;
output reg [3:0] q;

always @ (posedge clk) begin
    q <= d;
end
endmodule
```

다음 코드는 D 플립플롭의 테스트 벤치이다. 기술된 flipflop 모듈을 테스트 벤치 안에 dut(design under test)로 선언하고, 각 입력에 테스트 벤치에 선언한 신호를 연결한다. clock 신호를 인가하기 위하여 반주기마다 토글하는 클럭(clock) 신호를 기술한다. 그리고 dut의 clk 입력에 연결한다. .clk(clock)는 clock 신호를 모듈의 clk 입력에 연결하는 의미이다.

D 플립플롭의 입력값을 0, 3, 7, E, A의 순서로 입력하는데, 3ns 뒤에 clock의 배수에 동기시켜 인가하는 것은, 플립플롭의 입력 D가 clock의 에지에 근처에서 변화하지 않도록 하기 위함이다. clock 신호와 같이 .d(data)로 인가되는 data 값을 플립플롭 모듈의 D 입력에 연결한다. .q(q)는 플립플롭 출력값을 테스트 벤치의 신호 q와 연결한다.

```
`timescale 1ns / 1ps
module tb_flipflop();
reg          clock;
reg  [3:0]  data;
wire [3:0]  q;

parameter  clk_period = 10;

flipflop  dut(.clk(clock), .d(data), .q(q));

always begin
    clock = 1;
    forever #(clk_period/2) clock = ~clock;
end

initial begin
    data = 4'h0; #3;
    data = 4'h3; #(clk_period*2);
    data = 4'h7; #(clk_period*3);
    data = 4'hE; #(clk_period*3);
    data = 4'hA; #(clk_period*2);
end

endmodule
```

5.1.4 Enabled 플립플롭(Enabled Flip-Flop)

Enabled 플립플롭은 새로운 값을 매 clock마다 저장하지 않고 원하는 때만 저장하고자 할 때 유용하게 사용된다. 추가의 입력(EN)을 사용하여 EN이 1이고 클럭이 상승 에지일 때 입력 D값이 저장되고, EN이 0일 때 입력값은 무시된다. [그림 5-8]은 Enabled D 플립플롭의 이해를 위한 회로와 심볼을 나타낸다.

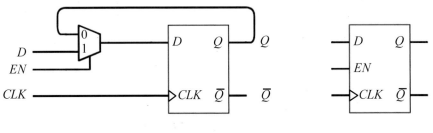

[그림 5-8] Enabled D 플립플롭

순차회로 설계 시 모든 플립플롭의 클럭 입력에는 같은 클럭 신호가 연결되어야 한다. 즉 시스템의 클럭은 하나이다. 더 자세히 말하면, 클럭은 하나 사용하더라도 상승 에지와 하강 에지에 각각 동작하는 플립플롭이 있으면, 이것은 클럭이 두 개인 회로이다. 그런데 어떤 신호는 매 클럭 주기마다 저장되지 않고 일정 조건이 만족 되었을 때 플립플롭에 저장되는 회로를 자주 설계하게 된다. 이럴 경우 꼭 Enabled D 플립플롭을 사용하고, 조건에 따라 Enable 신호를 제어하도록 하자. 조건에 따라 클럭 신호를 바꾸는 설계는 좋은 설계 방법이 아니다. 회로에 클럭이 여러 개 있거나 클럭 신호를 제어해야 하는 설계는 고급 설계자가 되었을 때 시도하도록 하자.

Enabled 플립플롭을 Verilog로 기술하면 다음과 같다.

```
module dff_en(clk, d, en, q);
input clk, d, en;
output reg q;
```

```
always @(posedge clk) begin
    if(en) q<=d;
    else;
end
endmodule
```

5.1.5 플립플롭의 초기화(Settable/Resettable D Flip-Flop)

플립플롭은 순차회로의 상태를 저장하는 데 사용되며, 이 상태는 시스템 동작에 중요한 값으로 초깃값을 지정할 수 있어야 한다. 예를 들면 자동판매기의 전원을 넣으면 입력받은 돈의 액수는 0으로 초기화되어야 한다. Resettable 플립플롭은 초깃값을 0으로 설정하고자 할 때 사용하며, Settable 플립플롭은 초깃값을 1로 설정하고자 할 때 사용한다.

플립플롭의 초깃값 할당을 위하여 리셋 신호를 사용한다. 동기식 리셋은 clock에 동기 되어 q의 값이 초기화된다. 비동기식 리셋은 클럭의 이벤트와 무관하게 q의 값이 초기화된다.

다음 코드는 동기식과 비동기식으로 초기화하는 D 플립플롭을 기술한다. sensitivity 리스트에 클럭 신호만 있는 경우는 동기식 리셋이고, 클럭과 리셋 신호 모두를 sensitivity 리스트에 포함하면 비동기식 리셋이다. 비동기식 리셋을 기술할 때, sensitivity 리스트에 있는 리셋 신호의 상승 에지와 하강 에지를 선택하는 것은 reset 신호의 특성에 따라 달라진다. 예제에서는 reset의 값이 1일 때 초기화를 하기 때문에 posedge를 사용하였다. reset의 값이 0일 때 초기화하기 위해서는 negedge를 사용하여야 한다.

하드웨어의 초기화는 리셋 신호가 인가되었을 때, 각 플립플롭의 입력 포트(예를 들면 Preset 과 Clear)에 적절한 신호를 인가하여 이루어진다. 즉 D 플립플롭의 초깃값을 결정하는 것이다. Verilog 언어에서 사용하는 initial을 사용하여 하드웨어를 초기화할 수 없다는 것을 명심하자.

```
module dff_sync_reset(clk,              module dff_async_reset(clk,
                      reset,                                   reset,
                      d,                                       d,
                      q);                                      q);
input           clk;                    input           clk;
input           reset;                  input           reset;
input     [3:0] d;                      input     [3:0] d;
output reg [3:0] q;                     output reg [3:0] q;
                                        // sensitively list has both clk and reset
// sensitively list has only clk        always @(posedge clk or posedge reset)
always @(posedge clk) begin             begin
    if (reset)  q <= 4'b0000;               if (reset)  q <= 4'b0000;
    else        q <= d;                     else        q <= d;
end                                     end
endmodule                               endmodule
```

5.1.6 자주 사용하는 D 플립플롭 기술 방법

D 플립플롭은 매 클럭의 에지마다 입력을 샘플한다. 실제 설계에서는 원하는 조건이 만족되었을 때, 입력을 샘플하고자 하는 요구가 빈번히 발생한다. 이를 위하여 입력 EN (enable)의 값이 1일 때만 입력 D의 값을 Q에 저장되는 플립플롭을 알아봤다. 다음 코드는 회로 설계 시 자주 사용하는 D 플립플롭의 기술 형태이다. 리셋의 상승 에지(posedge reset)를 sensitivity 리스트에 포함하였으므로 reset이 1일 때 초깃값을 정의한다. 그 외 조건일 때가 정상 조건이므로 begin과 end를 사용하여 구분하고 회로 기능을 기술하도록 하자.

```
module ff(  clk,
            reset,
            en,
            d,
            q);
```

```verilog
input    clk;
input  reset;
input    en;
input    [3:0] d;
output reg [3:0] q;

// asynchronous reset and enable
always @(posedge clk or posedge reset) begin // description for reset condition
    if (reset) begin
        q <= 4'b0;
    end
    else begin        // description for operation
        if (en) q <= d;
    end
end

endmodule
```

5.1.7 레지스터(Register)

D 플립플롭을 여러 개 사용하여 *N*개의 비트를 저장하는 메모리를 레지스터라 한다. 레지스터는 순차회로를 구성하는 핵심 블록으로 상태(state)를 저장하는 데 사용된다. 예를 들면 8비트 레지스터는 8개의 D 플립플롭으로 구현된다. Verilog로 기술하면 다음과 같다.

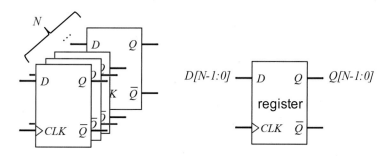

[그림 5-9] D 플립플롭으로 구현한 레지스터

```
module register(clk,
                reset,
                d,
                q);
input           clk;
input           reset;
input     [7:0] d;
output reg [7:0] q;

always @(posedge clk or posedge reset)
begin
    if (reset)  q <= 8'b0000_0000;
    else        q <= d;
end
endmodule
```

5.2 블로킹과 넌블로킹(Blocking and Non-blocking)

Verilog HDL은 결괏값을 기술하기 위하여 블로킹(blocking)과 넌블로킹(non-blocking)의 두 가지 표현을 사용한다. '='는 blocking을 기술하기 위하여 사용된다. blocking으로 표현되면 Verilog HDL 코드에 표시된 순서대로 값이 계산된다. 즉 C언어에서와 같다.

'<='는 non-blocking을 기술하기 위하여 사용한다. non-blocking으로 표현된 값들은 모두 동시에 <= 왼쪽 결과가 오른쪽 신호값이 된다. 순차회로에서의 blocking과 non-blocking은 전혀 다른 회로를 기술한다. 이에 적절한 표현의 사용 및 주의가 필요하다.

다음 코드는 순차회로에서의 블로킹과 넌블로킹 기술 예이다. [그림 5-10]과 같이 기술 방법에 따라 완전히 다른 회로가 구현됨을 명심해야 한다. 넌블로킹 기술의 경우 $n1$은 d가 되고, q는 $n1$이 되는 것이 동시에 이루어져야 하므로, 두 개의 D 플립플롭으로 구현된다. 블로킹의 경우 $n1$은 d가 되고, 다시 q는 $n1$이 되어 결과적으로 q는 d가 되는 것과 같다. 즉 1개의 D 플립플롭으로 구현된다.

순차회로 구현에 있어서는 기본적으로 non-blocking을 사용하고, 원하는 회로가 기술될 수 있도록 적절하게 기술하는 것을 권장한다.

```
module sync_nonblocking(clk, d, q);
input     clk;
input     d;
output reg q;
reg n1;

always @(posedge clk) begin
    n1 <= d;     // nonblocking
    q  <= n1;    // nonblocking
end

endmodule
```

```
module sync_blocking(clk, d, q);
input     clk;
input     d;
output reg q;
reg n1;

always @(posedge clk) begin
    n1 = d;      // blocking
    q  = n1;     // blocking
end

endmodule
```

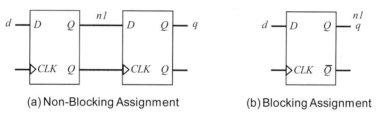

(a) Non-Blocking Assignment   (b) Blocking Assignment

[그림 5-10] 순차회로에서의 블로킹과 넌블로킹

1비트 전가산기(full adder) 조합회로를 블로킹과 넌블로킹으로 기술하면 다음과 같다. 조합회로에서 non-blocking의 p, g, s, $cout$의 신호들은 동시에 결정되기 때문에, 두 번의 연산 후에 원하는 s와 $cout$의 결과를 얻을 수 있다. 예를 들면 p 또는 g의 값이 입력에 따라 변경되더라도, p와 g가 계산되고 있는 동안에 s와 $cout$이 동시에 결정되므로 변경된 p와 g의 값이 반영되지 못해 두 번의 연산을 수행한다. 반면, blocking으로 표현하면 순서대로 연산하여 s와 $cout$이 결정된다. 조합회로에서 non-blocking과 blocking은 같은 회로로 합성되고 결과 회로는 똑같다. 조합회로의 경우 blocking으로 기술하기를 권장한다.

```
module fa_blocking (                      module fa_nonblocking (
        a, b, cin, s, cout);                      a, b, cin, s, cout);
input  a;                                 input  a;
input  b;                                 input  b;
input cin;                                input cin;
output  reg    s;                         output  reg    s;
output  reg    cout;                      output  reg    cout;
reg p, g;                                 reg p, g;

always @(a or b or cin or p or g) begin   always @(a or b or cin or p or g) begin
    // blocking assignment                    // non-blocking assignment
    p = a ^ b;                                p <= a ^ b;
    g = a & b;                                g <= a & b;
    s = p ^ cin;                              s <= p ^ cin;
    cout = g | (p & cin);                     cout <= g | (p & cin);
end                                       end
endmodule                                 endmodule
```

5.2.1 순차 회로 설계 요약

순차 회로의 Verilog HDL 기술 방법을 정리하면 다음과 같다.

• 동기 순차 회로를 기술하기 위해서는 always @ (posedge clock or posedge reset)을 사용하고 넌블로킹 (non-blocking)으로 기술한다.

```
always @(posedge clk or posedge reset) begin
    if (reset) begin    // initialization of flip-flop
```

```
        n1 <= 1'b0;
        q <= 1'b0;
    end
    else begin
        n1 <= d;      // nonblocking
        q  <= n1;     // nonblocking
    end
end
```

- always 안에 assign을 쓰지 않는다. always에서 결정되는 신호는 reg로, assign으로 결정되는 신호는 wire로 선언한다.

Verilog HDL은 회로를 기술하기 위한 언어이므로, 회로의 구조가 보이도록 기술하는 것을 권장한다. 결과물은 코드 자체가 아니라 합성한 후의 회로이다. 간단한 기술이 간단한 회로를 구현하지 않는다는 것을 명심하여야 한다. 또한, 프로그래밍이 아니라 하드웨어 설계를 위한 언어임을 생각하여야 한다.

5.3 동기식 순차 회로(Synchronous Sequential Logic)

오실레이터는 클럭(clock) 신호를 발생시키는 소자이다. 동작 주파수는 1초당 발생하는 펄스의 수로 표현된다. 모든 디지털 시스템은 clock에 동기화되어 동작한다. [그림 5-11]과 같이 디지털 시스템은 오실레이터를 포함하고 있다.

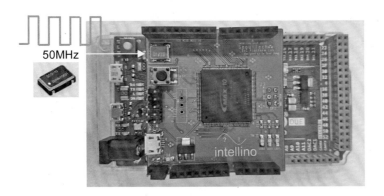

[그림 5-11] 보드에 장착된 오실레이터

[그림 5-12]와 같이 디지털 회로는 다수의 D 플립플롭을 내장하고 있으며, 오실레이터로부터 클럭(clock) 신호를 입력 받는다. 회로에 포함된 D 플립플롭의 모든 clock 입력은 하나의 클럭 신호와 연결되어야 한다. 즉 시스템의 클럭 신호의 개수는 하나이다. 다수의 클럭 신호를 이용하여 회로의 설계를 수행해야 할 때에는 많은 주의가 필요하다.

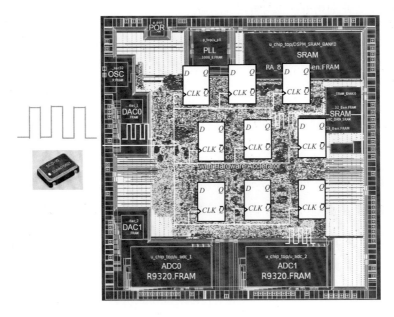

[그림 5-12] D 플립플롭을 포함하는 디지털 회로 예

동기식 순차회로의 출력은 현재 입력과 과거 입력에 대한 연산 결과이며, 클럭 신호에 동기화되어 동작한다. 현재 사용되는 모든 디지털 시스템은 동기식 순차회로이다. 동기식 순차회로를 구성하는 모든 요소는 레지스터이거나 조합회로이다. 조합회로는 연산을 하고, 적어도 하나 이상의 레지스터는 상태를 저장한다. 모든 레지스터는 같은 클럭 신호를 입력으로 사용하고, 이 클럭에 동기되어 시스템이 동작한다. 또한, 회로의 연결망에서 회귀하는 피드백(feedback) 연결은 적어도 하나 이상의 레지스터를 포함해야 한다. 대표적인 동기식 순차회로는 FSM(Finite State Machine)과 파이프라인이다.

5.4 FSM(Finite State Machine)

순차회로는 출력이 현재의 입력과 과거의 입력 정보를 포함하여 결정된다. 과거의 입력 정보 중에 출력에 영향을 미치는 중요한 정보를 상태(state)라 하고, state를 저장하기 위해 기억 소자인 레지스터를 포함한다.

FSM은 유한 개의 상태를 가지고 있으며, 입력에 따라 각 상태에서 다음 어떤 상태로 변할지 정의되어 있다. 또한, 각 상태에서 입력에 따른 출력값을 정의하고 있다. 이렇게 미리 정의된 대로 입력에 따라 동작하는 머신을 Finite State Machine(FSM)이라고 한다. 디지털 시스템에서 상황에 따라 어떤 결정을 하는 회로는 FSM으로 구현된다. [그림 5-13]과 [그림 5-14]는 각각 대표적인 FSM의 구조도를 나타낸다.

FSM은 크게 출력을 결정하는 방법에 따라 무어 머신(Moore Machine)과 밀리 머신(Mealy Machine)으로 나눌 수 있다. 무어 머신은 출력이 현재 상태에 의해서 결정된다. 즉 현재 상태가 결정되면 그 상태에 따라서 출력이 결정된다. 반대로 밀리 머신은 현재 상태뿐만 아니라 현재 입력까지 고려해서 출력을 결정한다.

- Moore Machine: 현재 상태에 의해서 출력값이 결정된다.
- Mealy Machine: 현재 상태뿐만 아니라 입력도 고려해서 출력값이 결정된다.

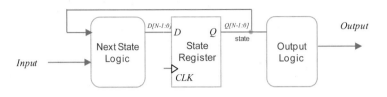

[그림 5-13] 무어 머신(Moore Machine)의 구조도

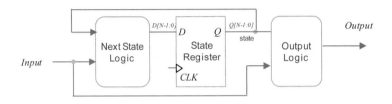

[그림 5-14] 밀리 머신(Mealy Machine)의 구조도

5.4.1 상태도 (State Diagram)

FSM은 유한 개의 상태를 가지고 있으며, 먼저 입력에 따라 상태가 어떻게 변하는지 정의해야 한다. 순차 회로에 입력을 가했을 때 일어나는 상태 간의 이동과 출력을 그림으로 나타내는 것을 상태도(state diagram)라고 한다.

FSM을 설계할 때, 설계하고자 하는 디지털 시스템의 기능과 입출력의 관계를 이해하고 정상 동작을 위해 필요한 상태(state)들을 정의한 후, state diagram을 그리는 것이 가장 중요하다.

매 클럭마다 1씩 증가하는 2비트 업카운터(up counter)를 FSM으로 설계해 보자. 입력은 클럭(clock)과 리셋(reset)이고, 매 클럭마다 카운터값 출력은 1씩 증가한다. 2비트이므로 0→1→2→3→0→1→2...의 순서로 카운터값이 증가한다. 카운터에서의 상태는 각 카운터의 출력값으로 정의해도 된다. [그림 5-15]는 2비트 업카운터에 대한 상태도(state diagram)이다.

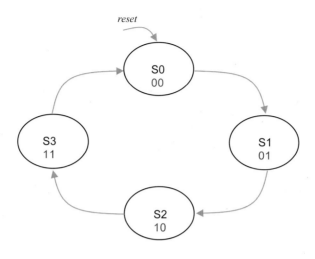

[그림 5-15] 2비트 업카운터의 상태도

상태도는 보통 시스템이 초기화되었을 때부터 그리기 시작한다. 카운터의 값은 리셋 시 0이므로, 상태 S0는 카운터값이 0일 때를 나타내는 상태이다. 카운터는 매 클럭 1씩 증가하기 때문에, 다음 클럭에는 카운터값이 1임을 나타내는 상태 S1으로 이동한다. 상태 S2는 카운터값이 2, 마지막으로 상태 S3는 카운터값이 3일 때를 나타낸다. 각 상태에서 출력값을 결정할 수 있으므로 [그림 5-15]는 무어 머신의 상태도이다. 각 상태 안에 출력값(파란색)을 2진수로 같이 표시한다.

5.4.2 상태 전이표(State Transition Table)

현재상태	다음상태
S0	S1
S1	S2
S2	S3
S3	S0

(a)

State	$S_1(A)$	$S_0(B)$
S0	0	0
S1	0	1
S2	1	0
S3	1	1

(b)

$S_1(A)$	$S_0(B)$	$S_1+(A+)$	$S_0+(B+)$
0	0	0	1
0	1	1	0
1	0	1	1
1	1	0	0

(c)

[그림 5-16] 2비트 업카운터의 상태 전이표

상태 전이표는 FSM에 입력을 인가했을 때 일어나는 상태 간의 이동과 출력을 나타낸 표이다. [그림 5-16(a)]는 2비트 업카운터의 상태 전이표를 나타낸다. [그림 5-15]의 상태도(state diagram)를 왼쪽은 현재 상태, 오른쪽을 다음 상태의 표로 나타낸다.

디지털 시스템에서는 모든 데이터를 0과 1의 비트열로 표현한다. 상태도와 상태 전이표에 정의된 상태(state)를 두 비트 AB로 [그림 5-16(b)]와 같이 인코딩할 수 있다. 이렇게 할당된 비트열을 상태 전이표에 대입하면 [그림 5-16(c)]와 같다.

5.4.3 FSM 회로 설계(FSM Design)

FSM은 현재 상태 정보를 저장하고, clock의 상승 에지에 다음 상태로 이동하는 status register를 포함한다. 다음 상태 로직(next state logic)은 현재 상태에서 입력값에 따라 이동해야 하는 다음 상태를 결정하는 연산을 수행하는 조합회로이다. 출력 로직(output logic)은 현재 상태와 입력값을 기반으로 출력값을 연산하는 조합회로이다.

다음 상태($A+, B+$)를 현재 상태(A, B)로 나타내면 $A+=A'B+AB'$와 $B+=B'$이다. 2비트 업카운터의 FSM을 회로로 나타내면 [그림 5-17]과 같다. FSM 회로는 중앙에 현재 상태를 저장하는 레지스터를 위치하고, 왼쪽에 현재 상태를 나타내는 레지스터의 출력과 현재 입력을 이용하여 다음 상태를 결정하는 다음 상태 회로(next state logic), 그리고 오른쪽에 현재 상태를 기반으로 출력을 결정하는 출력회로(output logic)로 이루어진다. 예제의 업카운터는 출력값이 상태값과 일치하여 D 플립플롭의 출력이 그대로 출력된다.

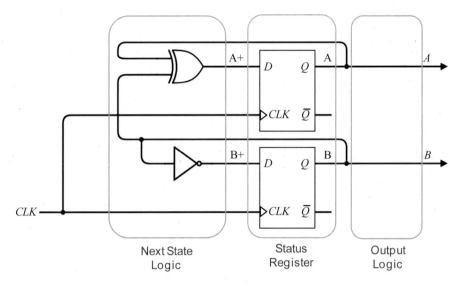

[그림 5-17] 2비트 업카운터 회로

2비트 업카운터를 Verilog로 기술하면 다음 코드와 같다. 먼저 현재 상태와 다음 상태를 저장하는 변수를 reg 형태로 선언한다. 각 4개의 상태를 2비트로 인코딩하고 이 값을 parameter를 이용하여 정의한다. 회로 설계와 마찬가지로 먼저 상태 레지스터(status register)를 D 플립플롭으로 기술한다. 리셋일 때 초깃값을 S0로 지정하고, 매 클럭 다음 상태를 현재 상태로 저장한다. Next state logic은 상태도 또는 상태 전이표에 있는 내용을 그대로 옮겨 적으면 된다. case문을 사용하여 현재 상태에 따른 다음 상태를 모두 기술한다. 마지막으로 출력 회로(output logic)을 기술한다. 이 회로에서 출력값은 현재 상태의 값과 같다.

순차회로 설계 시, 상태도를 완성하면 Verilog HDL 기술은 다음과 같이 상태도를 글로 옮겨 쓰기만 하면 된다. Verilog HDL 코딩을 하면서 머리를 쓰지는 말자. 회로를 옮겨서 기술하는 것이며, 머리를 쓸수록 버그를 넣을 가능성이 높아진다고 생각하자.

```verilog
module counter_fsm(clk, reset, count);     // next state logic
input clk;                                 always @ (state) begin
input reset;                                   case (state)
output [1:0] count;                            S0 : next_state = S1;
                                               S1 : next_state = S2;
reg [1:0] state, next_state;                   S2 : next_state = S3;
parameter S0=2'b00;                            S3 : next_state = S0;
parameter S1=2'b01;                            endcase
parameter S2=2'b10;                        end
parameter S3=2'b11;


// status register                         // output logic
always @ (posedge clk or posedge reset) begin   assign count = state;
    if (reset) state <= S0;
    else state <= next_state;              endmodule
end
```

2비트 업카운터를 다음과 같이 기술할 수도 있다.

```verilog
module counter(clk, reset, count);
parameter N=2;
input clk;
input reset;
output reg [N-1:0] count;

always @ (posedge clk or posedge reset)  begin
    if (reset) count <= 0;
    else count <= count+1'b1;
end
endmodule
```

FSM을 설계하는 과정은 다음과 같다

• 설계하고자 하는 시스템의 기능을 이해하고, 입력과 출력을 결정한다.

• 시스템 동작을 고려하여 상태도(state diagram)를 그린다.

- 상태도를 기반으로 상태 전이표를 작성한다.

- 상태를 나타내기 위한 인코딩을 하고, 다음 상태 회로(next state logic)와 출력 회로(output logic)의 논리식을 유도한다.

- Status register, next state logic, output logic 회로를 포함한 회로를 완성한다.

- 입력을 인가하여 출력을 관찰하며 FSM의 기능을 검증한다.

Verilog HDL을 이용하여 FSM을 설계할 때는, 상태도를 완성하고 상태도를 기반으로 예제와 같이 상태 레지스터, 다음 상태 로직, 출력 로직으로 옮겨 적는다.

디지털 시스템에서 제어기(controller)는 FSM을 내장하고 있으며, 하나의 시스템에 여러 개의 FSM이 포함될 수도 있다. FSM은 출력이 현재 상태에만 의존하는 무어 머신과 출력이 현재 상태와 입력에 의존하는 밀리 머신을 나눌 수 있다. 그러나 실제 설계하는 시스템은 여러 개의 입력과 여러 개의 출력이 같이 있으므로, 어떤 면에서는 밀리 머신이고 어떤 면에서는 무어 머신일 수 있다. 또한, 무어 머신과 밀리 머신 중 어떤 형태로 설계할 것인지는 전적으로 설계자가 결정할 수 있다. 설계자가 생각하기 편한 머신을 선택하여 설계 시간 및 검증 시간을 단축하도록 하자.

또한, 상태도를 그릴 때는 시스템을 이해하고 예상치 못한 상황이 일어나지 않도록 다양한 조건을 세심하게 따져 그려야 한다. FSM 설계 시 설계자가 가장 머리를 많이 써야 하는 설계 단계는 시스템의 기능을 이해하고 상태도를 그리는 단계이다. 다시 한번 말하지만 Verilog HDL은 회로를 기술하기 위해 옮겨 적는 과정이지 머리를 쓰는 과정이 아님을 명심하자. 브레드 보드(bread board)에 회로를 구현하면서 머리를 쓰며 아이디어를 도출하기보다는, 이미 설계된 회로도와 일치하게 실수 없이 연결하는 것이 중요하다.

5.5 FMS 기술 방법(FSM Design)

FSM은 상태 레지스터(status register), 다음 상태 회로(next state logic), 출력회로(output logic)로 구성된다. 각각 독립적인 회로이므로 각각 always문을 사용하여 기술한다.

5.5.1 상태 레지스터 (Status Register)

레지스터는 클럭과 리셋을 포함하는 D 플립플롭으로 기술한다. 리셋 조건에 상태 레지스터의 초깃값을 지정하고, 정상 동작 시 매 클럭 다음 상태를 현재 상태로 저장한다. parameter를 사용하여 상태 인코딩 정보를 표현할 수 있다.

```
module fsm ( ... );
...
parameter IDLE = 2'b00;
...
always @ (posedge clk or negedge rst_n) begin   // status register
    if (~rst_n)
        state <= IDLE;         // initial state
    else
        state <= nextstate;
end
...
```

5.5.2 다음 상태 회로(Next State Logic)

다음 상태 회로는 조합회로이다. 다음 코드는 FSM의 next state logic을 구현한 Verilog HDL 코드이다. always문에서 조합회로를 생성할 때 모든 경우에 대해 처리해주지 않으면 래치가 생성된다. else문을 통해서 현재 state에 머물러 있는 경우를 정의해야 한다.

```
module fsm(...);
...
always @ (state, in_a, in_b ...) begin  // next state logic
    case (state)
        IDLE : begin
```

```
            if(in_a)
                nextstate = LOAD;
            else
                nextstate = IDLE;
        end
        S0: begin
        ...
        end
        ...
    endcase
end
```

5.5.3 출력 회로(Output Logic)

무어 머신의 출력은 현재 상태값에 의해 결정되고, 밀리 머신은 현재 상태와 입력값
에 의해 결정된다. 따라서 always 구문의 sensitivity 리스트에 현재 상태(state) 신호를 포
함하고 밀리 머신의 경우 입력 신호를 추가한다. case문을 이용해 각 상태를 구분한다.
무어 머신은 각 상태에 따라 출력값이 바로 결정되게 기술하며, 밀리 머신의 경우 if-
else 구문을 사용하여 입력값에 따라 출력값을 결정한다.

```
module fsm(..);
...
always @ ( state, in_a, in_b, ...) begin    // output logic
    case (state)
        TRANS : begin
            if(in_a)
                out = 1'b1;
            else
                out = 1'b0;
        end
        ...
```

```
      . . .
    endcase
  end
```

5.6 신호등 제어기 FSM(Traffic Signal Controller)

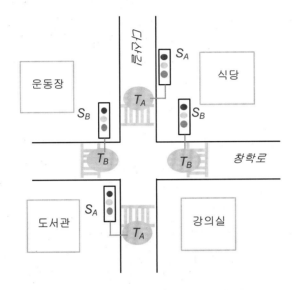

[그림 5-18] 사거리에 설치된 보행자 신호등

5.6.1 목표 시스템의 이해

보행자 신호등을 제어하는 순차회로를 FSM으로 설계해 보자. [그림 5-18]은 사거리에 설치된 두 쌍의 보행자 신호등 S_A 와 S_B이다. 횡단보도에 설치된 센서는 보행자를 감지한다. 보행자가 횡단보도를 건너고 있을 때, 센서의 출력 T_A와 T_B는 1이 된다. 따라서 센서의 출력이 1일 때 신호등은 초록색 신호를 유지해야 한다.

5.6.2 입출력 결정

신호등 제어기를 FSM으로 구현하기 위해서는 먼저 입출력을 결정해야 한다. [그림 5-19]는 FSM의 입출력을 포함한 신호등 제어기(Traffic Signal Controller) 모듈의 블록 다이어그램이다. FSM은 내부 상태를 초기화하기 위한 리셋(reset) 신호와 동기화 기준 신호인 클럭(clock)을 포함한다. 보행자를 감지하는 입력 T_A와 T_B는 횡단보도에 보행자가 있을 때 1이다. 출력은 두 쌍의 신호등 S_A, S_B의 신호등 색을 나타내는 신호이다. 보행 가능을 나타내는 초록색, 보행 금지를 나타내는 빨간색, 그리고 신호가 초록색에서 빨간색으로 바뀌기 전의 단계인 노란색 3가지의 색을 표현해야 하므로 2비트로 출력한다.

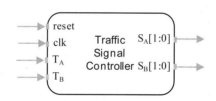

[그림 5-19] 신호등 제어기 블록다이어그램

5.6.3 초기 상태 결정

상태도 (state diagram)을 작성하기 위해서는 초기 상태를 먼저 정의해야 한다. 즉 리셋 신호가 인가되었을 때 어떤 동작을 해야 할지 결정해야 한다. 두 쌍의 신호등 중 하나를 초록색으로 하고, 나머지 하나는 빨간색으로 하는 상태 $S0$를 정의하자.

두 쌍의 신호등 중 어떤 신호등이 먼저 초록색이 되든지 크게 상관없음으로 신호등 S_A를 초록색으로 하는 상태를 초기 상태로 하자. A부터 시작하는 것이 B로 시작하는 것보다 익숙하여 이렇게 선택한다. 시스템 설계에 있어서 이렇게 크게 영향을 미치지 않는 우선순위를 정해야 할 때 우리에게 익숙한 선택을 하는 것을 권장한다. A와 B가 있는데 B부터 시작한다면, 이 시스템을 접한 누군가는 왜 A가 아니고 B부터 시작했을까 하는 의문을 가질 수도 있기 때문이다. 그리고 사실은 두 신호등 중 어떤 것을 선택하든지 전체 시스템 동작에는 아무런 차이가 없다.

아침에 강의실에서 식당으로 이동하는 학생들이 많은 사실을 관찰하고, 리셋 시 S_B를 초록색 출력으로 하는 상태를 초기 상태로 선정하는 것을 어떨까? 논리적인 것으로 느껴지지만 사실은 초기 상태 결정과 상관이 없는 사실이다. 신호등 제어기는 매일 아침 리셋하는 것이 아니기 때문이다. 초기 상태를 결정할 때는 시스템이 사용되는 곳의 문화에 익숙한 선택을 하도록 하자. 어떤 곳에서는 A로 시작하는 것보다 B로 시작하는 것이 익숙한 문화일 수도 있다. 이럴 때는 S_B를 먼저 초록색으로 출력하도록 설계하자.

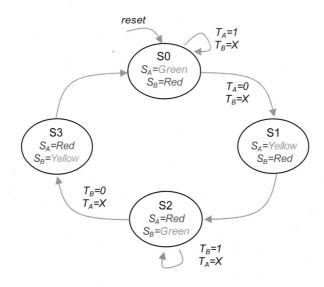

[그림 5-20] 신호등 제어기의 상태도 (state diagram)

5.6.4 상태도(state diagram) 작성

[그림 5-20]은 신호등 제어기 FSM 설계를 위한 상태도이다. 리셋(reset) 신호가 인가되면 미리 결정한 초기 상태 $S0$가 된다. 신호등 제어기는 각 상태에 따라 출력이 바로 결정될 수 있음으로 무어 머신(Moore machine)으로 설계한다. 따라서 상태 아래 출력을 같이 표시하였다. $S0$의 상태에서 신호등 A는 초록색, 신호등 B는 빨간색을 출력한다.

$S0$ 상태에서 FSM은 시스템에 인가된 센서 입력값에 따라 다음 상태를 결정한다. 당

연히 횡단보도 A에 보행자가 길을 건너고 있으면 신호등 A의 출력은 초록색으로 유지해야 한다. 또한, 신호등 A가 초록색이면 B는 빨간색 출력을 내보낼 수밖에 없으므로 $S0$에 머물러 있어도 된다. 즉 입력 T_A가 1이면 다음 상태는 $S0$가 된다. 입력 T_A가 0이 되면 횡단보도 A를 건너는 보행자가 없으므로 신호등 A의 초록색을 더 이상 유지하지 않아도 된다. 따라서 새로운 상태 $S1$을 정의하고, T_A가 0일 때 $S1$으로 상태를 변경한다.

$S1$은 신호등 A를 빨간색으로 바꾸기 전의 상태이다. 일반적으로 보행자 신호등은 초록색 신호에서 빨간색으로 바로 바뀌지 않고 남은 시간을 나타내는 중간 단계를 표현한다. 이 예제에서는 노란색 신호로 중간 단계를 표현한다. 따라서 $S1$ 상태에서 S_A는 노란색, S_B는 빨간색을 출력한다. $S1$ 상태에서는 입력의 값과 상관없이 $S2$ 상태가 된다.

$S2$ 상태는 $S0$와 출력이 반대가 되는 상태이다. 즉 신호등 B가 초록색이고 신호등 A가 빨간색인 상태이다. $S0$ 상태에서와 마찬가지로 보행자를 센싱하는 입력 T_B의 값에 따라 $S2$ 상태를 유지하든지 $S3$ 상태로 변경한다.

$S3$ 상태는 $S1$과 비슷한 상태로, 신호등 B가 노란색이고 신호등 A가 빨간색인 상태이다. 입력값과 상관없이 다음 상태는 $S0$가 된다.

이렇게 하여 각 상태에서 모든 입력에 대한 다음 상태를 정의하고, 각 상태에 대한 출력을 결정하여 상태도를 완성한다.

5.6.5 기아 상태, 데드락, 라이브락(Starvation, Deadlock, and Livelock)

FSM을 설계할 때는 다음 세 가지의 상태가 발생하지 않도록 주의해서 상태도를 작성해야 한다.

- 기아 상태(starvation): 여러 프로세스가 부족한 자원을 점유하기 위해 경쟁할 때, 특정 프로세스에 영원히 자원의 할당이 안 되는 상태
- 데드락(deadlock): 여러 프로세스가 자원 점유를 요청하여 서로 상대방이 가진 자원을 기다리느라 멈춰 있는 상태

- 라이브락(livelock): 여러 프로세스가 자원의 점유와 획득을 무한 반복하여 의미 없는 수행을 계속 하고 있는 상태

신호등 B가 초록색으로 보행자가 길을 건너고 있다고 가정하자. 즉 FSM은 S2 상태에 있으며, state가 변하기 위해서는 입력 T_B가 0이 되어야 한다. 그런데 강의실에서 강의가 순차적으로 끝나서 학생들이 계속 식당으로 이동한다면 보행자가 끊기기 전까지는 계속 신호등 B는 초록색이 된다. 만약 신호등 B를 건너는 학생들이 며칠 동안 계속 길을 건넌다면, 운동장에서 식당으로 가기 위해 신호등 A의 신호를 기다리는 학생들은 식당에 도착하지 못하고 아마 굶어 죽게 될 것이다. 이렇게 한정된 자원을 점유하기 위해 경쟁할 때, 어느 한쪽에 우선권을 주면 다른 쪽은 영원히 자원이 할당되지 않고 멈춰 있는 상태를 기아 상태(starvation)라고 한다.

엘리베이터 제어기 설계 실습에서, 올라가는 중인 엘리베이터를 중간층에서 탑승하고 내려가는 층을 누르면 위층으로 올라가지 않고 다시 아래로 내려가는 FSM을 많은 학생들이 설계한다. 또는 올라가는 상태에서는 정상 동작하지만, 내려오는 상태에서 중간층 탑승자가 위층을 목적지로 입력하면 아래로 내려오지 못하고 다시 올라가는 제어기를 설계한다. 두 경우 모두 내려가는 상태 또는 올라가는 상태에 우선권을 부여하여 기아 상태(starvation)가 일어난다. 만약 1층이나 꼭대기 층에 식당이 있다면 누군가는 굶어 죽을 수 있다. Starvation을 간단하게 해결하기 위해서 각 프로세스가 자원을 사용할 수 있는 시간의 제한을 둘 수 있다. 예를 들면 S0 상태에서 T_A가 1이여도 어느 시간이 지나면 S1으로 상태가 바뀌도록 상태도를 수정할 수 있다.

기아 상태(starvation)와 비슷하게 더 이상 수행되지 않고 멈춰 있는 상태를 데드락(deadlock) 상태라고 한다. 보통 데드락은 전체 시스템이 멈춰 있는 상태이고, Starvation은 우선순위가 낮은 일이 수행되지 않지만 다른 일이 수행되고 있을 수 있다.

라이브락(livelock)은 보통 의미 없는 일을 계속 수행하고 있는 상태이다. [그림 5-18]의 사거리에 보행자가 한 명도 없으면 어떻게 될까? 센서 T_A와 T_B는 모두 0이 되고 매 클럭 S0→S1→S2→S3→S0로 동작할 것이다. 이러한 경우가 라이브락의 예이다. 각 상태에서 어느 정도 시간 동안 머무르도록 상태도를 변경하면 매 클럭 신호등이 의미 없이

점멸되는 상황을 피할 수 있다. 보행자가 없는 상태에서 초록, 노랑, 빨간색 신호등이 모두 켜져 있는 것으로 보일 수도 있다.

FSM을 설계할 때는 상태도(state diagram)를 작성하는 단계에서 발생할 수 있는 모든 상황을 고려하여 시스템이 안정적으로 동작하도록 설계해야 한다. 상태도 작성이 완료되면, 다음 단계는 기계적으로 정해진 방법대로 진행하여 설계를 완료한다. 상태도를 그릴 때 머리를 많이 쓰고, 다음 단계부터는 정해진 방법대로 실수하지 않고 설계를 완료하자.

5.6.6 상태 전이표(State Transition Table) 작성

[그림 5-20]의 신호등 제어기 상태도를 상태 전이표로 나타내면 [그림 5-21]과 같다. 실수하지 않고 상태도를 표로 옮겨 적는다.

현재상태	T_A	T_B	다음상태
S0	0	X	S1
S0	1	X	S0
S1	X	X	S2
S2	X	0	S3
S2	X	1	S2
S3	X	X	S0

[그림 5-21] 신호등 제어기의 상태 전이표

[그림 5-22(a)]와 같이 상태 {S0, S1 S2, S3}를 각각 {00, 01, 11, 10}으로 인코딩하여 상태 전이표를 진리표로 다시 표현하면 [그림 5-22(b)]와 같다.

각 상태를 인코딩하는 방법에는 One Hot 인코딩, Binary 인코딩, Gray 인코딩 등이 있다. One Hot 인코딩은 전체 비트 중 1인 비트가 하나뿐이고 나머지는 모두 0으로 인코딩하는 방법이다. Binary 인코딩은 이진수로 0부터 순차적으로 값을 증가시키는 인코딩 방법이고, Gray 인코딩은 인접한 state 간에 한 자리의 비트만 변화하게 인코딩하는 방법이다. 상태를 표현하기 위해 어떻게 인코딩하는가에 따라 회로의 복잡도가 달라지기는 하지만, 그 크기가 많이 차이 나지는 않는다. 인접한 상태끼리 1비트씩 차이 나는 Gray 코드를 사용하기를 권장한다.

State	S_1	S_0
S0	0	0
S1	0	1
S2	1	1
S3	1	0

(a)

S_1	S_0	T_A	T_B	S_1+	S_0+
0	0	0	X	0	1
0	0	1	X	0	0
0	1	X	X	1	1
1	1	X	0	1	0
1	1	X	1	1	1
1	0	X	X	0	0

(b)

[그림 5-22] 상태값 할당과 이를 반영한 진리표

5.6.7 다음 상태 회로(Next State Logic)

다음 상태 로직(next state logic)은 현재 상태와 입력을 기반으로 다음 상태를 결정하는 회로이다. 즉 입력을 S_1, S_0, T_A, T_B를 입력으로 하고, S_1+와 S_0+를 출력으로 하는 조합회로이다. [그림 5-23]의 (a)와 (b)는 각각 S_1+와 S_0+에 대한 카노맵이다.

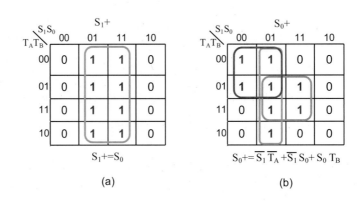

[그림 5-23] 다음 상태 회로 설계를 위한 카노맵과 논리식

다음 상태 논리식을 Prime Implicant를 이용해서 표현하면 다음과 같다.

$$S_1 += S_0$$

$$S_0 += S_1'T_A' + S_1'S_0 + S_0T_B$$

5.6.8 출력 회로(Output Logic)

두 쌍의 신호등 S_A와 S_B는 초록, 노랑, 빨강의 세 가지 다른 출력값이 있을 수 있다. 세 가지 다른 출력을 나타내기 위해서 2비트를 할당하여, 각 신호등 색 {빨강, 노랑, 초록}을 {00, 01, 10}로 인코딩하여 표현할 수 있다.

Signal	$S_{AB}[1]$	$S_{AB}[0]$
Red	0	0
Yellow	0	1
Green	1	0

(a)

S_1	S_0	S_A	S_B	$S_A[1]$	$S_A[0]$	$S_B[1]$	$S_B[0]$
0	0	Green	Red	1	0	0	0
0	1	Yellow	Red	0	1	0	0
1	1	Red	Green	0	0	1	0
1	0	Red	Yellow	0	0	0	1

(b)

[그림 5-24] 출력 회로 설계를 위한 진리표

즉 출력 회로는 두 비트 입력 S_A, S_B와 4비트 출력 $S_A[1]$, $S_A[2]$, $S_B[1]$, $S_B[0]$을 갖는 조합회로이다. 각 출력 회로를 논리식을 표현하면 다음과 같다.

$$S_A[1] = S_1'S_0' \qquad S_A[0] = S_1'S_0$$

$$S_B[1] = S_1S_0 \qquad S_B[0] = S_1S_0'$$

5.6.9 FSM 회로 그리기

FSM은 현재 상태를 저장하는 상태 레지스터, 입력과 현재 상태를 기반으로 다음 상태를 연산하는 다음 상태 회로, 그리고 출력을 연산하는 출력 회로로 구성되어 있다. 디지털 회로의 모든 연산은 조합회로로 구현되고, 데이터는 플립플롭이나 메모리에 저장된다.

FSM 회로는 중앙에 현재 상태를 저장하는 레지스터를 위치하고, 왼쪽에 현재 상태를 나타내는 레지스터의 출력과 현재 입력을 이용하여 다음 상태를 결정하는 다음 상태 회로(next state logic), 그리고 오른쪽에 현재 상태를 기반으로 출력을 결정하는 출력 회로(output logic)를 위치하면 구조를 이해하기 쉽다.

[그림 5-25]는 신호등 제어기를 위한 FSM 회로도이다. 두 비트의 상태를 저장하기 위한 레지스터가 중앙에 위치하고 있으며, 다음 상태 로직은 왼쪽에, 출력 로직은 오른쪽에 있다.

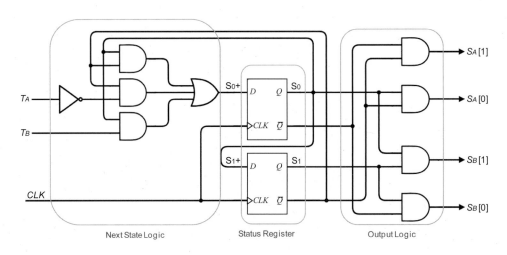

[그림 5-25] 신호등 제어기 FSM 회로도

5.6.10 Verilog HDL 기술하기

신호등 제어기 FSM을 Verilog HDL로 기술하면 다음 코드와 같다. 회로 설계와 마찬가지로 각 상태를 비트열로 인코딩한다. 이때 parameter를 사용하여 상태를 정의하여 쉽게 이해할 수 있는 코드를 작성한다. 먼저 상태를 저장하는 레지스터를 기술한다. 다음 상태 회로는 상태도를 순서대로 글로 옮겨 적어 기술한다. 마치 상태도를 참고하여 상태 전이표를 작성하는 것과 비슷하다. 마지막 출력 회로는 상태표를 기반으로 출력 회로 진리표를 작성하는 것처럼 옮겨 적는다. [그림 5-20] 제어기의 상태도와 코드를 비교해 보자.

```verilog
module traffic_signal_fsm
        (clk, reset,
         i_ta, i_tb,  // sensor input
         o_sa, o_sb); // signal light
input clk;
input reset;
input i_ta, i_tb;
output reg [1:0] o_sa, o_sb;

reg [1:0] state, next_state;
parameter S0=2'b00;
parameter S1=2'b01;
parameter S2=2'b11;
parameter S3=2'b10;

parameter RED=2'b00;
parameter YELLOW=2'b01;
parameter GREEN=2'b10;


// status register
always @ (posedge clk or posedge reset)
begin
    if (reset) state <= S0;
    else state <= next_state;
end


// next state logic
always @ (state or i_ta or i_tb) begin
    case (state)
    S0: if(~i_ta) next_state = S1;
        else next_state = S0;
    S1: next_state = S2;
    S2: if(~i_tb) next_state = S3;
```

```verilog
// output logic
always @(state) begin
    if (state==S0) begin
        o_sa=GREEN;
        o_sb=RED;
    end
    else if (state==S1) begin
        o_sa=YELLOW;
        o_sb=RED;
    end
    else if (state==S2) begin
        o_sa=RED;
        o_sb=GREEN;
    end
    else if (state==S3) begin
        o_sa=RED;
        o_sb=YELLOW;
    end

end

endmodule
```

```
        else next_state = S2;
    S3: next_state = S0;
    default: next_state = S0;
    endcase
end
```

신호등 제어기 FSM을 테스트하기 위한 테스트 벤치 예는 다음과 같다.

```verilog
`timescale  1ns/1ps
module tb_traffic_signal_fsm();

reg clk, reset;
reg i_ta, i_tb;
wire [1:0] o_sa, o_sb;


parameter clk_period = 10;

traffic_signal_fsm U0(.clk    (clk),
                      .reset (reset),
                      .i_ta (i_ta), .i_tb (i_tb),   // sensor input
                      .o_sa (o_sa), .o_sb (o_sb) ); // signal light

initial begin       // reset signal
    reset = 0;
    #13 reset = 1;
    #(clk_period) reset = 0;
end

always begin        // clock signal generation
    clk = 0;
    forever #(clk_period/2) clk = ~clk;
end

initial begin       // input stimulus
    i_ta = 0; i_tb = 0; #3
```

```
        i_ta = 0; i_tb = 1; #(clk_period)
        i_ta = 1; i_tb = 0; #(clk_period)
        i_ta = 0; i_tb = 1; #(clk_period)
        i_ta = 0; i_tb = 0;
  end
  endmodule
```

다시 한번 강조하지만, Verilog HDL을 이용하여 하드웨어를 기술하는 것은 회로를 글로 그냥 옮겨 적는 과정이다. FSM을 구현할 때, 모든 설계는 상태도를 작성하는 과정에서 완성된다. 완성된 설계도를 실수 없이 정해진 형태로 옮겨 적은 코드가 Verilog HDL 모델이다.

FSM을 Verilog HDL로 기술하는 좋은 코딩 방법은 여러 가지가 있다. 그중 하드웨어의 구조를 쉽게 이해할 수 있는 코딩 스타일을 적용하여 신호등 제어기를 기술하였다. [그림 5-25]의 회로도와 일대일로 대응되는 구조적 기술 방법이다. 위 FSM 코딩 스타일을 사용하면 밀리 머신이나 무어 머신 모두 실수 없이 기술할 수 있다. 카운터를 FSM으로 기술한 Verilog도 같은 코딩 스타일이다.

5.7 시프트 레지스터(Shift Register)

D 플립플롭 여러 개를 연결하여 여러 비트를 저장하는 메모리를 레지스터라 한다. 레지스터에 저장된 여러 비트를 오른쪽 또는 왼쪽으로 자리를 옮길(shift) 수 있는 레지스터를 시프트 레지스터라 한다.

[그림 5-26]은 D 플립플롭을 직렬로 연결한 4비트 직렬 시프트 레지스터이다. 처음에 모든 플립플롭의 출력 Q는 0이었다고 가정하자. 첫 번째 클럭의 상승 에지에서 입력 데이터(s_in)가 샘플 되어 첫 번째 D 플립플롭의 출력 Q_3에 시프트된다. 두 번째 클럭의 상승 에지에서 Q_3은 Q_2로, Q_2는 Q_1으로, Q_1은 Q_0로 시프트됨과 동시에 새로운 데이터

가 샘플 되어 Q_3에 들어온다. 이러한 과정이 새로운 클럭의 상승 에지마다 반복되어 4번째 클럭의 상승 에지에서 Q_0에 첫 번째 입력한 데이터 비트가 나타난다. 예를 들면 입력 데이터가 순차적으로 1, 0, 1, 1,이었다면 4번째 클럭 상승 에지부터 출력(s_out)에 같은 순서대로 비트가 순차적으로 출력된다.

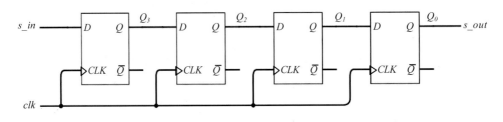

[그림 5-26] 직렬 시프트 레지스터

5.7.1 직렬-병렬 데이터 전환

디지털 시스템에서 한 번에 한 비트씩 데이터를 전송하거나 연산할 때 직렬(serial) 방식으로 동작한다고 한다. 반대로 한 번에 여러 비트씩 데이터를 전송하거나 연산할 때 병렬(parallel) 방식으로 동작한다고 한다. 일반적으로 우리가 사용하는 통신 시스템은 직렬 방식이다. 인터넷, USB, 블루투스 등 컴퓨터에 외부로부터 입출력되는 데이터는 시리얼(serial) 방식으로 데이터가 전송된다. 그러나 컴퓨터는 64비트 또는 32비트 컴퓨터라고 표현한다. 컴퓨터 내부에서는 데이터가 병렬로 연산된다.

이렇게 직렬 데이터를 병렬로 변경하기 위해서 시프트 레지스터를 응용할 수 있다. [그림 5-27]은 4비트 직렬 입력 직/병렬 출력 시프트 레지스터이다. 직렬 시프트 레지스터와 같은 구조이며, 4비트 병렬 출력(Q)을 가지고 있다. 시리얼 입력을 4비트 병렬 데이터로 전환할 수 있다. 병렬로 변환된 데이터를 읽을 때는 새로운 4비트 데이터가 레지스터에 저장되는 4번째, 8번째, 12번째, 즉 4의 배수 클럭에서 4개 플립플롭의 출력 Q를 동시에 읽는다.

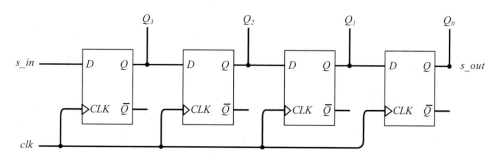

[그림 5-27] 직렬 입력 직/병렬 출력 시프트 레지스터

5.7.2 병렬-직렬 데이터 전환

병렬로 연산하는 컴퓨터의 연산 결과를 시리얼 데이터 통신을 이용해 외부로 전달하기 위해서는 병렬 데이터를 직렬 데이터로 변환해야 한다. [그림 5-28]은 병렬 입력 직/병렬 출력 시프트 레지스터이다. 플립플롭의 입력에 멀티플렉서(MUX)가 위치하여 입력 load가 1이면 병렬 입력 D가 모든 플립플롭의 입력으로 인가된다. 즉 load가 1이면 클럭의 상승 에지에 입력 데이터의 각 비트가 동시에 샘플 되어 플립플롭에 저장된다.

load가 0일 때는 클럭의 상승 에지마다 시프트 레지스터의 값이 오른쪽으로 시프트되어 출력(s_out)에 직렬로 나온다. 정상 동작을 위해서는 새로운 입력 데이터는 4의 배수의 클럭마다 load 해야 한다.

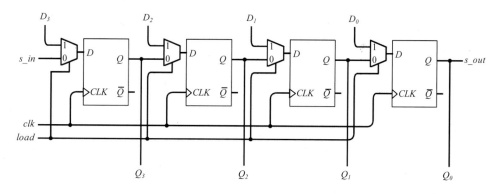

[그림 5-28] 병렬 입력 직/병렬 출력 시프트 레지스터

시프트 레지스터를 Verilog HDL로 기술하면 다음과 같다.

```verilog
module shift_reg (clk,          // clock
                  reset,        // HIGH: reset
                  load,         // HIGH: load parallel data
                  sin,          // serial input data
                  d,            // parallel input data
                  q,            // parallel output data
                  sout);        // serial output data

parameter N = 8;
input           clk;
input           reset;
input           load;
input           sin;
input    [N-1:0] d;
output reg [N-1:0] q;
output          sout;

assign sout = q[0];

always @(posedge clk or posedge reset) begin
    if (reset) begin
      q <= 0;
    end
    else begin
        if (load) q <= d;
        else q <= {sin, q[N-1:1]};
    end
end

endmodule
```

5.8 Verilog HDL 기술방법 요약(Summary)

Verilog HDL은 회로를 기술하기 위한 언어이므로, 회로의 구조가 보이도록 기술하는 것을 권장한다. 주요 결과물은 코드 자체가 아니라 합성한 후의 회로이다. 간단한 기술이 간단한 회로를 구현하지 않는다는 것을 명심하여야 한다. 또한, 프로그래밍이 아니라 하드웨어 설계를 위한 언어임을 생각하여야 한다.

회로의 검증 시간을 단축하기 위하여 하드웨어의 구조를 쉽게 이해할 수 있도록 구조적 기술을 하자. 구조적 기술은 회로를 재사용할 때도 회로를 쉽게 이해할 수 있어 큰 도움이 된다.

Verilog HDL은 완벽한 언어가 아니다. 단지 하드웨어를 기술하여 컴퓨터가 이를 입력받아 회로 설계를 도울 수 있도록 필요에 의해서 만들어진 언어이다. 즉 하드웨어를 기술하는 목적에 맞게 효율적으로 사용하는 것이 중요하다.

Verilog HDL 기술 방법을 정리하면 다음과 같다.

- 간단한 조합회로는 assign을 이용하여 기술한다.

```
assign out = sel ? in_a : in_b;
```

- 조합회로를 기술하기 위해서는 always @ (sensitivity list)와 blocking을 이용하여 기술한다.

```
always @ (sensitivity list 1) begin
    ...
    ...
    회로 1 기술
    ...
end
```

- 동기 순차 회로를 기술하기 위해서는 always @ (posedge clock or posedge reset)과 넌 블로킹(non-blocking)으로 기술한다.

```verilog
always @(posedge clk or posedge reset) begin
    if (reset) begin      // initialization of flip-flop
        n1 <= 1'b0;
        q <= 1'b0;
    end
    else begin
        n1 <= d;          // nonblocking
        q  <= n1;         // nonblocking
    end
end
```

- 서로 다른 always 구문에서 같은 출력값을 결정하지 않는다. 사자와 호랑이가 싸우지 않게 해야 한다.
- always 안에 assign을 쓰지 않는다. always에서 결정되는 신호는 reg로, assign으로 결정되는 신호는 wire로 선언한다.

Verilog HDL은 이 책에 설명한 것 외에 많은 편리한 명령어와 사용 방법을 포함한다. 그러나 이 책에 언급된 내용만으로도 충분히 회로를 설계할 수 있으며(조금은 더 많은 타이핑을 해야 할 수도 있지만), 하드웨어로 구현되는 코드는 이 책에서 다룬 내용만을 사용해서 하드웨어를 기술하기를 권장한다. 프로세서, 디지털 신호처리기, 통신 반도체, 영상인식 및 음성인식 반도체, 인공지능 반도체 등 많은 반도체를 설계하는데 있어서, 이 책에 언급된 Verilog HDL 기술 방법만을 이용하여 구조적 설계를 할 수 있었다.

다시 말하지만 Verilog 언어는 하드웨어를 기술하는 것을 1차적인 목표로 하고 있으며, 코드에서 하드웨어의 구조를 쉽게 볼 수 있는 코딩 스타일을 지향한다. 즉 하드웨어로 만들 수 있어야 한다. 초보자들은 흔히 시뮬레이션은 되지만, 하드웨어로 합성할 수 없는 또는 하드웨어로 구현하면 정상 동작을 하지 않는 회로를 설계한다. 보통은 프로그래밍 언어를 이용하여 알고리즘을 구현하던 것과 같은 방법으로 Verilog HDL을 기술하기 때문이다. 이 책에서 설명한 코드 예를 이용하여 하드웨어를 기술하면 합성되고 정상 동작하는 코드를 작성할 수 있다.

06

Verilog HDL

타이밍(Timing)

CHAPTER 06 / 타이밍(Timing)

Verilog HDL

6.1 조합회로 타이밍(Combinational Logic Timing)

조합회로는 입력에 따라 출력이 변하기까지 [그림 6-1]과 같이 시간 지연(delay)이 있다. 디지털 신호는 게이트를 지날 때마다 전파 지연(propagation delay)이 누적되며, 이러한 지연 시간을 줄이기 위한 노력은 회로의 성능을 향상시키기 위하여 계속되고 있다.

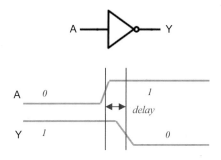

[그림 6-1] NOT 게이트의 시간 지연

디지털 신호는 게이트를 지날 때마다 전파 지연이 생긴다. 즉 입력이 바뀌었을 때 출력 신호가 나오기까지 시간 지연이 생긴다.

전파 지연(propagation delay)은 논리회로에 안정되고 유효한 신호가 입력되는 순간부터 논리회로가 안정되고 유효한 신호를 출력할 때까지 걸리는 시간이다. 오염 지연(contamination delay)은 논리회로에 안정되고 유효한 신호가 입력된 순간부터 출력값이 변하기 시작할 때까지의 최소 시간이다. 이 값의 변화는 그 값이 안정적인 상태에 도달했음을 의미하지는 않는다. [그림 6-2]는 Propagation Delay(t_{PD})와 Contamination Delay(t_{CD})를 나타내는 파형이다.

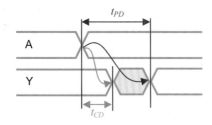

[그림 6-2] 게이트의 전파 지연과 오염 지연

시간 지연은 게이트를 구성하는 트랜지스터 및 연결망의 커패시턴스 및 저항, 상승 및 하강 시간의 차이, 다수의 입력값에 대한 출력의 연산 시간 차이, 온도 변화 등 외부 환경 요인 등에 따라 변한다.

6.1.1 Critical Path와 Shortest Path

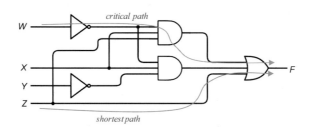

[그림 6-3] Critical Path와 Shortest Path

조합회로는 여러 개의 게이트가 연결되어 구현된다. 이때 입력에서 출력까지의 전파 지연이 가장 오래 걸리는 경로를 크리티컬 패스(critical path)라 한다. 또한, 시간 지연이 가장 짧은 경로를 쇼티스트 패스(shortest path)라고 한다. [그림 6-3]은 간단한 조합회로의 critical path와 shortest path를 나타낸다. 조합회로 설계 시 critical path뿐만 아니라 shortest path도 고려하여야 한다.

6.1.2 글리치(Glitch)

이러한 회로의 시간 지연은 출력값에 영향을 미치며, 시간 지연 때문에 입력값의 변화에 따라 원하지 않는 출력값이 일시적으로 나타나기도 한다. 이러한 일시적인 원하지 않는 출력을 글리치(glitch)라 한다.

[그림 6-4]의 회로에서 입력(X, Y, Z)이 초기에 (0, 1, 1)이었다가, Y가 1에서 0으로 변하였을 때의 출력값을 알아보자.

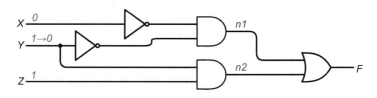

[그림 6-4] Glitch 생성 회로 예

이때 입력 Y의 변화가 내부 노드 $n1$과 $n2$를 거쳐서 출력 F로 결정되는데, NOT 게이트의 지연 시간 때문에 $n1$의 변화가 $n2$에 비하여 늦게 나타난다. 이 차이는 출력 F에 일시적인 원하지 않는 출력으로 표현된다. 이를 Glitch라 한다. [그림 6-5]는 glitch 생성회로의 타이밍도를 나타낸다.

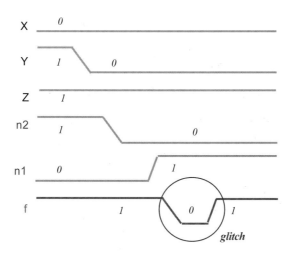

[그림 6-5] Glitch 생성 회로의 타이밍도 예

[그림 6-4]의 글리치 생성 회로를 카노맵으로 그리면 [그림 6-6(a)]와 같다. [그림 6-5]와 같이 glitch를 생성하는 입력은 카노맵에서 초록색으로 묶인 prime implicant(PI)와 주황색으로 묶인 PI로 이동하는 빨간색 화살표 방향의 입력 변화이다. 따라서 [그림 6-6(b)]와 같이 빨간색으로 PI를 하나 더 묶어 주면 모두 출력이 1이 되어 glitch가 사라지게 된다. Boolean Algebra를 이용하여 나타내면 다음과 같으며, 이를 컨센서스 정리(Consensus Theorem)라고 한다.

$$X'Y'+YZ+X'Z = X'Y'+YZ+X'Z(Y+Y')$$
$$=X'Y'+YZ+X'YZ+X'Y'Z$$
$$=X'Y'(1+Z)+YZ(1+X')$$
$$=X'Y'+YZ$$

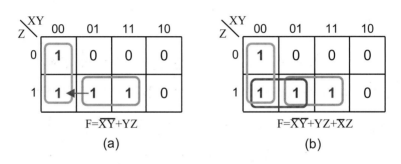

[그림 6-6] Glitch 생성 회로의 카노맵 분석

[그림 6-7]의 예와 같이 glitch는 추가 회로를 더해서 없앨 수도 있다. 그러나 실제 회로 설계에서는 입력의 개수가 여러 개이며, 이들 다수의 입력값의 변화와 회로를 구성하는 게이트들의 시간 지연 차이 때문에 생기는 glitch를 없앨 수 없는 경우가 대부분이다. 이에 glitch는 항상 존재하는 것이라 생각하고 이를 고려하여 회로 설계를 수행하여야 한다.

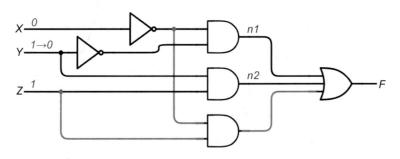

[그림 6-7] 추가 회로를 이용한 Glitch 제거 예

6.2 순차회로 타이밍(Sequential Logic Timing)

우리가 사용하는 컴퓨터의 동작 주파수는 보통 1~4GHz이다. 순차회로 타이밍에 대해서 알아보고, 컴퓨터의 동작 주파수는 어떻게 결정되는지 알아보자.

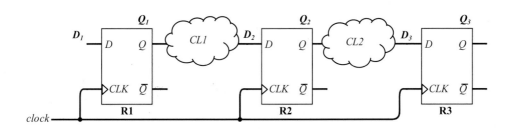

[그림 6-8] 동기 순차회로의 예

동기 순차회로는 데이터를 저장하는 플립플롭과 연산을 수행하는 조합회로로 구성되어 있다. [그림 6-8]은 순차회로의 예이다. 동기 순차회로는 여러 개의 D 플립플롭으로 구성된 레지스터의 모든 clock 입력에 시스템 clock 신호가 인가된다. 조합회로인 $CL1$과 $CL2$는 레지스터 출력값을 입력으로 하여 연산을 수행한다. 대표적인 동기 순차회로인 FSM뿐만 아니라 파이프라인도 이와 같은 구조이다.

[그림 6-9] 회로에서 *CL*1의 조합회로는 '+1'의 연산을 수행한다. 즉 Q_1+1의 값이 한 clock 주기 후에 Q_2에 저장된다. 레지스터 *R*1과 *R*2는 매 클럭의 상승 에지에 입력값 D_1과 D_2를 샘플 하여 저장하고, 조합회로 *CL*1은 입력값 Q_1에 +1 연산을 수행한다. 동기식 순차회로에서 연산은 조합회로가 담당하고, 기억 소자인 레지스터는 입력값을 클럭의 에지에 샘플하고 저장하는 역할을 한다.

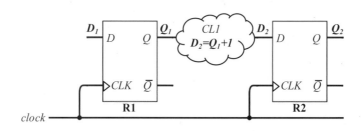

[그림 6-9] 1씩 증가하는 동기 순차회로

이때 조합회로 *CL*1은 게이트의 연결망으로 구성되어 있으며, 각 게이트 및 연결 선은 전파 지연(propagation delay)이 있다. 따라서 입력 Q_1이 변하였을 때 조합회로 *CL*1의 출력 D_2가 안정된 결괏값을 출력하는데 시간 지연이 발생한다.

[그림 6-10]은 *2GHz*로 동작하는 [그림 6-9] 동기 순차회로의 타이밍도이다. 동기 순차회로가 정상적으로 동작하기 위해서는 조합회로의 *CL*1의 최대 시간 지연(t_{CL1})이 0.5 *ns*보다 작아야 한다. 덧셈기 회로에서 이미 배운 것과 같이 입력값의 조합에 따라 출력값이 결정되는 회로 경로가 다르며, 이는 덧셈기의 시간 지연을 입력에 따라 다르게 한다. 정상 동작을 위해서는 모든 입력 조합 중에서 최대로 시간 지연이 많은 경로, 즉 critical path의 시간 지연값이 클럭의 주기보다 작아야 한다. [그림 6-10]에서 덧셈기는 0.5*ns*보다 빠르게 덧셈을 완료하여 입력값 D_1에 1을 더한 결괏값 Q_2가 한 클럭 뒤에 출력되어 정상 동작한다.

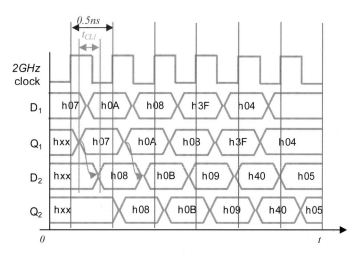

[그림 6-10] 조합회로의 시간 지연이 클럭 주기보다 짧을 때의 순차회로 타이밍도

만약 조합회로 $CL1$의 연산을 위한 시간 지연(t_{CL1})이 $0.5ns$ 이상이라면, $2GHz$의 clock을 인가하였을 때 순차회로의 출력 Q_2는 입력 D_1에 1을 더한 값이 [그림 6-11]과 같이 한 클럭 뒤에 제대로 출력되지 않는다.

이와 같이, 동기 순차회로의 동작 속도는 연산을 수행하는 조합회로의 시간 지연에 의해 결정된다.

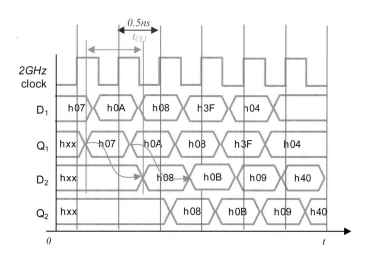

[그림 6-11] 조합회로의 시간 지연이 클럭 주기보다 길 때의 순차회로 타이밍도

6.2.1 플립플롭의 타이밍

순차회로의 시간 지연을 자세히 알아보기 위하여 먼저 D 플립플롭의 시간 지연을 알아보자. [그림 6-12]는 D 플립플롭의 입력 D와 클럭(clock)의 타이밍도를 나타낸다. D플립플롭의 셋업 타임(setup time) t_{SETUP}은 clock의 상승 에지 이전에 입력 D가 일정해야 하는 최소 시간이다. 홀드 타임(hold time) t_{HOLD}은 clock의 상승 에지 이후에 입력 D가 일정해야 하는 최소 시간이다. 즉 사진을 찍을 때와 같이, clock의 상승 에지 앞뒤에서 입력 D는 일정해야 한다. 그렇지 않으면 플립플롭이 입력값을 정확히 샘플 하지 못한다.

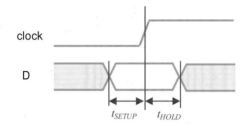

[그림 6-12] D 플립플롭의 셋업(setup)과 홀드(hold) 타임

D 플립플롭은 클럭의 상승 에지에서 셋업 타임과 홀드 타임 동안은 일정한 값을 유지하는 입력 D값을 샘플하여 출력 Q로 내보낸다. 이때 조합회로의 출력에서와 마찬가지로 출력 Q까지의 전파 지연 (propagation delay)와 오염 지연(contamination delay)가 존재한다.

D 플립플롭에서의 전파 지연(poropagation delay)은 클럭의 상승 에지부터 출력값이 안정되고 유효한 신호를 출력할 때까지 걸리는 시간이다. 오염 지연(contamination delay)은 클럭의 상승 에지부터 출력값이 변하기 시작할 때까지의 최소 시간이다. 출력값의 변화는 그 값이 안정적인 상태에 도달했음을 의미하지는 않는다. [그림 6-13]은 D 플립플롭의 Propagation Delay(t_{PD})와 Contamination Delay(t_{CD})를 나타낸다.

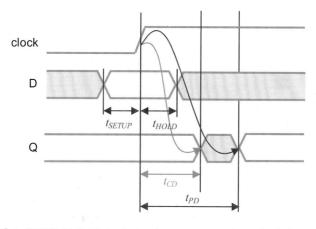

[그림 6-13] D 플립플롭의 전파 지연(propagation delay)과 오염 지연(contamination delay)

6.2.2 셋업 타임(Setup Time)

[그림 6-14]와 같이 동기 순차회로는 데이터를 저장하는 레지스터와 연산을 수행하는 조합회로로 이루어진다. 레지스터 사이의 조합회로는 critical path와 shortest path에 의해 결정되는 최소 시간 지연과 최대 시간 지연을 가지고 있으며, 이는 순차회로의 동작에 영향을 미친다.

이때 레지스터 $R2$의 셋업 타임(T_{SETUP_Q2})는 레지스터 R1의 출력이 조합회로($CL1$)를 지나, 레지스터 $R2$에 결과가 저장되기 위하여, 다음 클럭(clock)의 상승 에지 이전에 레지스터 $R2$의 입력인 D2가 일정해야 하는 시간이다. [그림 6-15]는 D 플립플롭의 셋업 타임(setup time)을 설명하기 위한 타이밍도이다.

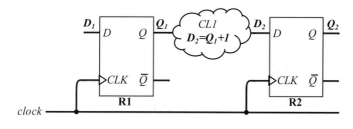

[그림 6-14] 1씩 증가하는 동기 순차회로

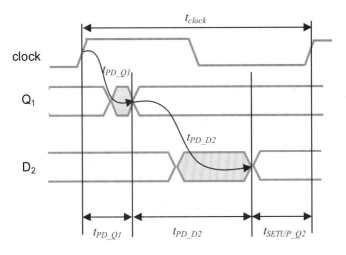

[그림 6-15] D 플립플롭의 셋업 타임(Setup Time)

클럭의 상승 에지에서 첫 번째 레지스터 $R1$의 출력값 Q_1이 출력될 때까지의 propagation delay(t_{PD_Q1})와 조합회로 $CL1$이 Q_1을 입력으로 하여 출력 D_2를 출력하는 데 걸리는 propagation delay(t_{PD_D2}), 두 번째 레지스터의 셋업 타임(t_{SETUP_Q2})의 합이 클럭 주기(t_{clock})보다 작아야 동기 순차회로가 정상 동작한다.

$$t_{clock} > t_{PD\_Q1} + t_{PD\_D2} + t_{SETUP\_Q2}$$

따라서 조합회로의 최대 동작 주파수는 플립플롭 사이에 위치하는 조합회로의 critical path의 전파지연이 결정한다. 이 전파 지연에 비해 클럭 주기가 짧게 되면, 레지스터 $R2$를 구성하는 D 플립플롭이 입력을 정확히 샘플하지 못한다. 이때 셋업타임위배(setup time violation)가 일어난다.

6.2.3 홀드 타임(Hold Time)

레지스터 $R2$의 홀드 타임($T_{HOLD\ Q2}$)는 레지스터 $R1$에서부터 조합회로($CL1$)를 지나, 레지스터 $R2$에 결과가 저장되기 위하여, 같은 클럭(clock)의 상승 에지 이후에 $D2$값이

일정해야 하는 시간이다. [그림 6-16]은 D플립플롭의 홀드 타임(hold time)을 설명하기
위한 타이밍도이다.

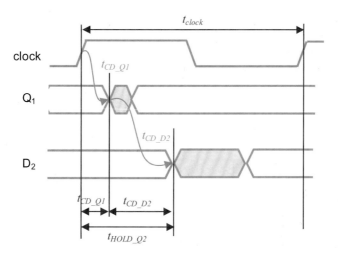

[그림 6-16] D 플립플롭의 홀드 타임(Hold Time)

클럭의 상승 에지에서 첫 번째 레지스터 $R1$의 출력값 Q_1의 출력이 변하기 시작할 때
까지의 contamination delay(t_{CD_Q1})와 조합회로 $CL1$이 Q_1을 입력으로 하여 출력 D_2가
변하기 시작하는 데까지 걸리는 contamination dealy(t_{CD_D2})의 합이 두 번째 레지스터의
홀드 타임(t_{HOLD_Q2})보다 커야 동기 순차회로가 정상 동작하게 된다.

$$t_{HOLD} < t_{CD\_Q1} + t_{CD\_D2}$$

즉 D 플립플롭 사이에 위치하는 조합회로의 shortest path는 조합회로의 오염 지연
(contamination delay)를 결정한다. 이 오염 지연 시간이 플립플롭의 홀드타임(hold time)보
다 짧게 되면 레지스터 R2를 구성하는 플립플롭이 입력을 정확히 샘플하지 못한다. 이
때 홀드타임위배(hold time violation)가 일어난다.

따라서 조합회로를 설계할 때 critical path뿐만 아니라 shortest path 또한 고려해야
한다. [그림 6-17]의 회로는 동기 순차회로이다. 이 동기 회로의 동작 주파수는 critical
path와 플립플롭의 셋업 타임에 의해서 결정된다. 또한, shortest path에 버퍼(BUF)를 추
가하여 홀드타임위배(holdtime violation)를 해결한다.

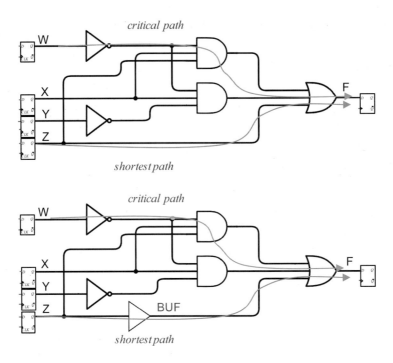

[그림 6-17] 버퍼를 이용한 홀드 타임 위배 해결 예

6.3 입출력 형태와 타이밍(Critical Path)

디지털 회로를 입력과 출력의 특성에 따라 다음과 같이 4가지로 나눌 수 있다.

• 조합회로 입력과 조합회로 출력

• 조합회로 입력과 레지스터 출력

• 레지스터 입력과 조합회로 출력

• 레지스터 입력과 레지스터 출력

[그림 6-18]은 입력이 조합회로 $CL1$의 입력으로 인가되며, 출력 또한 조합회로 $CL1$의 출력이다. 즉 입력값이 변하면 조합회로 $CL1$의 전파 지연(propagation delay) 시간 후에 결괏값이 출력된다.

[그림 6-18] 조합회로 입력과 조합회로 출력

[그림 6-19]는 입력이 조합회로 *CL2*로 인가되며, 출력은 레지스터의 출력인 회로이다. 입력값이 변하면 조합회로 *CL2*의 전파 지연 시간 후에 레지스터 *D*의 입력이 결정되고, 클럭의 상승 에지에서 플립플롭의 전파 지연 시간 후에 결괏값이 출력된다.

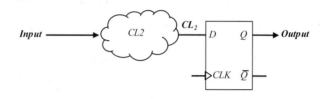

[그림 6-19] 조합회로 입력과 레지스터 출력

[그림 6-20]은 입력이 레지스터로 인가되고, 출력은 조합회로 *CL3*의 출력이다. 즉 입력값은 매 클럭의 상승 에지에 샘플되어 플립플롭의 전파 지연 시간 후에 Q_3로 출력된다. Q_3 신호는 조합회로 *CL3*에 입력되어, 조합회로 *CL3*의 전파 지연 시간 후에 결과 값이 출력된다.

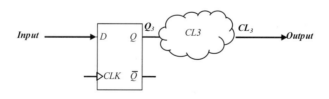

[그림 6-20] 레지스터 입력과 조합회로 출력

[그림 6-21]은 입력이 레지스터로 인가되고, 출력 또한 레지스터의 출력이다. 입력 값은 매 클럭의 상승 에지에 샘플되어 플립플롭의 전파 지연 시간 후에 Q_4로 출력된다. Q_4 신호는 조합회로 *CL4*에 입력되어, 조합회로 *CL4*의 전파 지연 시간 후에 두 번째 레

지스터의 입력 D가 결정된다. 클럭의 상승 에지에서 플립플롭의 전파 지연 시간 후에
결괏값이 출력된다.

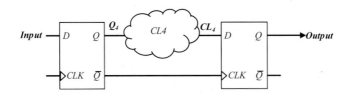

[그림 6-21] 레지스터 입력과 레지스터 출력

디지털 회로는 위 4가지 형태의 하위 모듈들을 연결하여 이루어진다. 이때 [그림
6-22]와 같이 조합회로의 출력을 갖는 회로가 입력 형태가 조합회로인 회로와 연결되
면, 전체 조합회로의 크리티컬 패스(critical path)가 길어지는 것을 생각해야 한다. 동작 주
파수가 달라질 수 있다.

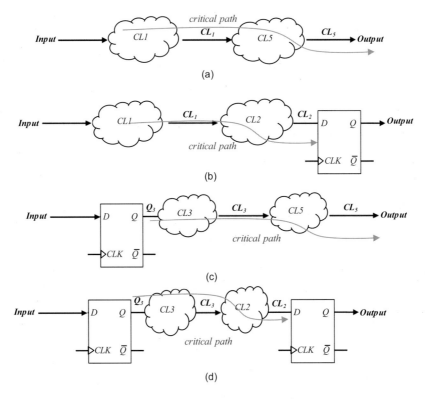

[그림 6-22] 두 회로를 연결할 때의 critical path

6.4 Verilog HDL에서의 딜레이(Delay)

assign #(rise, fall, turn off) assignment; eg) assign #(1,2,3) {carry,sum}=a+b;	
rise	논리값이 (0,x,z)에서 1로 바뀌는데 걸리는 시간
fall	논리값이 (1,x,z)에서 0으로 바뀌는데 걸리는 시간
trun off	논리값이 (0,1,x)에서 z로 바뀌는데 걸리는 시간

Verilog HDL은 게이트 딜레이를 위와 같이 정의한다. rise 딜레이는 로직값이 (0, x, z) 에서 1로 바뀔 때의 딜레이이다. fall 딜레이는 로직값이 (1, x, z)에서 0으로 바뀔 때의 딜레이이다. 마지막으로 turn off 딜레이는 로직값이 (0, 1, x)에서 z로 바뀔 때의 딜레이이다. [그림 6-23]은 각 딜레이의 의미를 타이밍도로 표시한다.

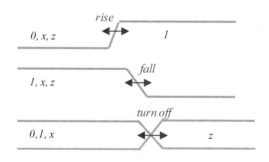

[그림 6-23] 게이트 딜레이의 표현

Verilog HDL에서 게이트의 시간 지연은 다음과 같이 표현한다. `timescale 구문은 `timescale unit/precision의 형태로 사용되며 unit은 시간의 단위, precision은 정밀도를 의미한다. 예를 들면 `timescale 1ns/1ps는 시간 단위가 1ns로 표시되며, 시뮬레이션은 1ps의 단위로 진행됨을 의미한다. '#'는 시간 지연을 나타내기 위하여 사용된다.

다음 코드는 x, y, z의 입력과 f의 출력을 갖는 조합회로에 게이트의 지연 시간(NOT: 1ns, AND: 2ns, OR: 2ns)을 포함하여 기술한 예이다.

```
`timescale  1ns/1ps
module gate_delay(x, y, z, f);

input  x, y, z;
output f;
wire xb, yb, zb, n1, n2, n3;

    assign #1 {xb, yb, zb} = {~x, ~y, ~z};
    assign #2 n1 = xb & y & z;
    assign #2 n2 = xb & y & zb;
    assign #2 n3 = x & z;
    assign #2 f = n1 | n2 | n3;

endmodule
```

[그림 6-24]는 위 Verilog HDL코드의 출력 파형이다. 각 게이트의 초기 출력값은 unknown이다.

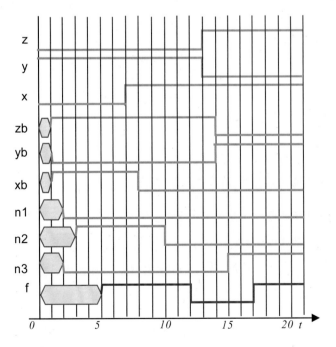

[그림 6-24] 게이트 딜레이를 포함한 조합회로의 출력 파형

07

Verilog HDL

IC를 이용한 디지털 시스템 설계 실습
(Digital System Design using IC)

CHAPTER 07 // IC를 이용한 디지털 시스템 설계 실습 (Digital System Design using IC)

Verilog HDL

7.1 실습 전에 알아야 할 것들(Basics)

7.1.1 브레드 보드(Bread board)

브레드 보드(Bread board)는 전자회로를 구성할 때 사용하며, 점퍼 선으로 회로를 연결하여 간편하게 동작 실험을 할 수 있도록 내부가 연결되어 있다.

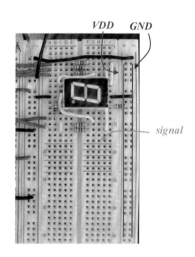

VDD   GND

signal

[그림 7-1] 브레드 보드

브레드 보드는 [그림 7-1]과 같이 구멍의 내부에 금속선이 초록색으로 표시한 가로 방향 또는 빨간색과 파란색으로 표시한 세로 방향으로 미리 연결되어 있다. 빨간색과 파란색은 브레드 보드의 위에서 아래까지 모두 일직선으로 연결되어 있으며, 보통 빨간색은 VDD, 파란색은 GND로 사용한다. 브레드 보드에 '+'와 '−'로 표시되어 있다. 신호의 연결을 위해서는 초록색으로 표시된 부분을 사용한다. 왼쪽의 초록색과 오른쪽의 초록색은 서로 분리되어 있어 그 사이에 IC를 꽂고 신호를 연결할 수 있다. 브레드 보드의 오른쪽과 왼쪽에는 행을 표시하기 위한 숫자가 표기되어 있으며, 위쪽에는 열을 표시하는 알파벳 A, B, C, D, E와 F, G, H, I, J가 표기되어 있다. 각 행의 A, B, C, D, E는 서로 연결되어 있으며, F, G, H, I, J 또한 서로 연결되어 있다.

7.1.2 IC(Integrated Circuit)

IC는 다양한 형태의 패키지로 제조되는데, 브레드 보드를 사용하는 실습에서 주로 사용하는 IC는 DIP(dual in-line package) 형태로 직사각형 모양 양쪽에 핀이 나열되어 있다. [그림 7-2]는 DIP 형태의 NAND IC의 외형이다. IC 윗면을 보면 플라스틱 위에 IC에 대한 정보를 나타내는 글자가 적혀 있고, 1번 핀의 위치를 표시하는 동그란 점이 패여 있다. 또는 반달 모양을 위쪽으로 하였을 때, 왼쪽에서 가장 위에 있는 핀이 1번 핀이다. 핀의 번호는 1번 핀을 기준으로 시계 반대 방향으로 번호가 증가한다.

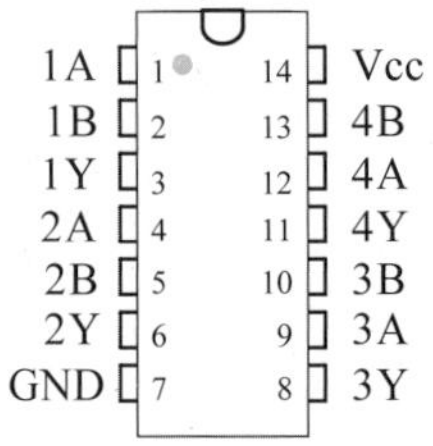

[그림 7-2] DIP 형태 IC의 핀 번호

실습에서 사용하는 NAND, NOT 게이트와 D플립플롭은 [그림 7-3]과 같다.

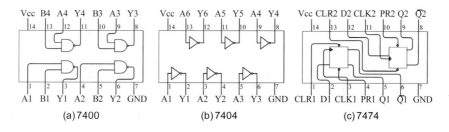

[그림 7-3] NAND, NOT 게이트와 D 플립플롭

7.2 세그먼트 디코더 설계(Segment Decoder)

7-세그먼트는 회로의 출력을 숫자로 표현하기 위하여 사용한다. 두 개의 스위치로부터 2비트($D0$와 $D1$) 입력을 받아들여 0~3의 숫자를 표시하는 7-세그먼트 디코더 조합회로를 설계하자.

7.2.1 입출력 결정

7-세그먼트 입력은 $D0$, $D1$ 두 비트이며, 출력은 A, B, C, D, E, F, G, DP의 8비트이다. 세그먼트 디코더의 블록 다이어그램은 [그림 7-4]와 같다.

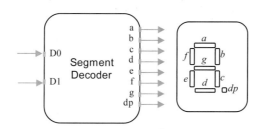

[그림 7-4] 세그먼트 디코더 블록 다이어그램

7.2.2 진리표 작성

[그림 7-5] 세그먼트의 숫자 표시

0에서 3까지의 두 비트 입력을 7-세그먼트는 [그림 7-5]와 같이 표현한다. 각 LED의
출력을 입력에 따라 진리표를 작성하면 다음과 같다.

D1	D0	a	b	c	d	e	f	g	dp
0	0	1	1	1	1	1	1	0	0
0	1	0	1	1	0	0	0	0	0
1	0	1	1	0	1	1	0	1	0
1	1	1	1	1	1	0	0	1	0

7.2.3 논리식으로 표현

각 출력($a \sim dp$)을 입력에 대한 논리식으로 표현하면 다음과 같다. 입력이 2개로 간단
하여 카노맵은 그리지 않고 수식으로 바로 나타낸다.

$a = D0' + D1,$ $b = 1,$ $c = D0 + D1',$ $d = D0' + D1$

$e = D0',$ $f = D0' \cdot D1',$ $g = D1,$ $dp = 0$

7.2.4 회로 설계

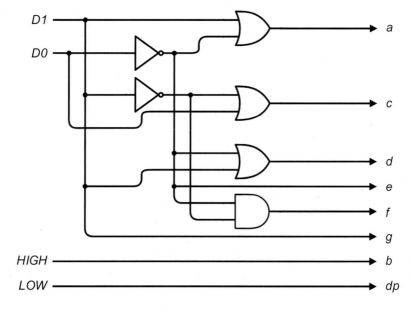

[그림 7-6] 세그먼트 디코더 조합회로

각 출력에 대한 논리식을 게이트 회로로 나타내면 [그림 7-6]과 같다.

실습 7.2.1: 세그먼트 디코더 회로를 NAND 게이트를 이용하여 구현하시오.

세그먼트 디코더를 브레드 보드에 구현한 결과는 [그림 7-7]과 같다. 2비트 입력을 스위치로부터 받아들여 0, 1, 2, 3의 숫자를 세그먼트에 출력한다.

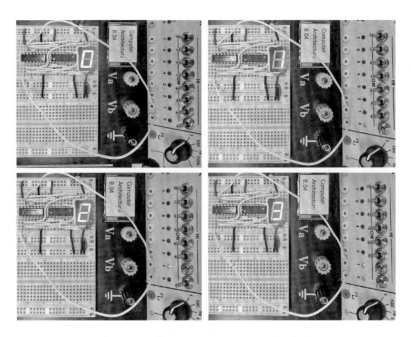

[그림 7-7] 세그먼트 디코더 구현 결과

7.3 2비트 다운 카운터 설계(2-bit Down Counter)

2-비트 다운 카운터(down counter)를 FSM으로 설계해 보자. 입력은 클럭(clock)과 리셋 (reset)이고, 매 클럭마다 카운터값 출력은 1씩 감소한다. 2비트이므로 3→2→1→0→3→ 2...의 순서로 카운터값이 감소한다. 카운터의 출력 2비트를 7.1에서 설계한 세그먼트 디 코더의 입력으로 인가하여 7 세그먼트에 카운터의 값이 숫자로 표시되게 하자.

7.3.1 입출력 결정

다운 카운터의 입력은 클럭(clock)과 리셋(reset)이며, [그림 7-8]은 구현하고자 하는 카운터의 블록 다이어그램이다.

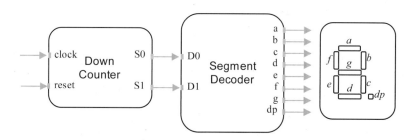

[그림 7-8] 다운 카운터의 블록 다이어그램

7.3.2 상태도(State Diagram) 그리기

다운 카운터는 4개의 상태를 가지고 있으며, 각 상태에 따라 출력이 결정되므로 무어 머신으로 설계한다. [그림 7-9]는 2비트 다운 카운터에 대한 state diagram이다.

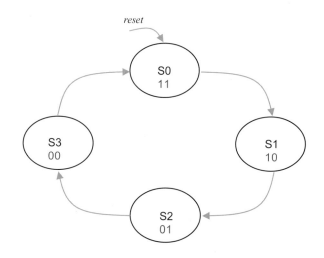

[그림 7-9] 2비트 다운 카운터의 상태도

카운터값은 리셋 시 3이다. 상태 $S0$는 카운터값이 3일 때를 나타내는 상태이다. 카운터는 매 클럭 1씩 감소하기 때문에, 다음 클럭에는 카운터값이 2임을 나타내는 상태 $S1$으로 이동한다. 상태 $S2$는 카운터값이 1일때, 마지막으로 상태 $S3$는 카운터값이 0일 때를 나타낸다. 각 상태 안에 출력값(파란색)을 2진수로 같이 표시한다.

7.3.3 상태 전이표(State Transition Table)

현재상태	다음상태
S0	S1
S1	S2
S2	S3
S3	S0

(a)

State	$S_1(A)$	$S_0(B)$
S0	1	1
S1	1	0
S2	0	1
S3	0	0

(b)

$S_1(A)$	$S_0(B)$	$S_1+(A+)$	$S_0+(B+)$
1	1	1	0
1	0	0	1
0	1	0	0
0	0	1	1

(c)

[그림 7-10] 2비트 다운 카운터의 상태 전이표

상태 전이표는 FSM에 입력을 가했을 때 일어나는 상태 간의 이동과 출력을 나타낸 표이다. [그림 7-10(a)]는 2비트 다운 카운터의 상태 전이표이다. [그림 7-9]의 상태도 (state diagram)를 왼쪽은 현재 상태, 오른쪽을 다음 상태의 표로 나타낸다.

상태도와 상태 전이표에 정의된 상태(state)를 두 비트 AB로 인코딩하는데, 출력값과 상태값 인코딩값이 같도록 [그림 7-10(b)]와 같이 할당한다. 이렇게 인코딩한 비트열을 상태 전이표에 대입하면 [그림 7-10(c)]와 같다.

7.3.4 FSM 회로 설계(FSM Design)

FSM은 현재 상태 정보를 저장하고, clock의 상승 에지에 다음 상태로 이동하는 status register, 현재 상태에서 입력값에 따라 이동해야 하는 다음 상태의 연산을 하는 next state logic 회로, 현재 상태와 입력값을 기반으로 출력값을 연산하는 output logic 회로로 구성된다.

다음 상태 (A+, B+)를 현재 상태 (A, B)의 논리식으로 나타내고 회로로 구현하면 next state 로직이 완성된다. 다운 카운터의 출력은 현재 상태와 같은 값이므로 [그림 7-11]과 같이 각 플립플롭의 출력이 카운터의 출력이 된다.

실습 7.3.1 [그림 7-11]의 Next State 로직의 논리식을 프라임 임플리컨트(Prime Implicant)로 나타내고, 논리식을 회로로 완성하시오.

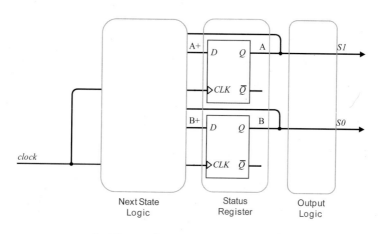

[그림 7-11] 2비트 다운 카운터 회로

실습 7.3.2 다운 카운터 회로를 2입력-NAND 게이트, NOT 게이트, 그리고 D 플립플롭을 이용하여 설계하고, 이를 브레드 보드에 구현하시오.

[그림 7-12]는 2비트 다운 카운터의 회로도이며, [그림 7-13]은 브레드 보드에 구현된 2비트 다운 카운터의 동작 결과이다.

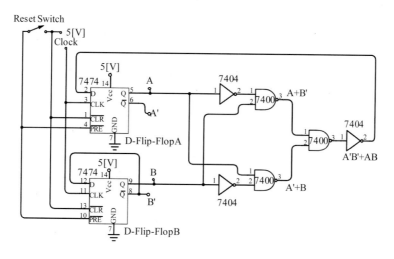

[그림 7-12] 2비트 다운 카운터 회로

[그림 7-13] 브레드 보드에 구현된 2비트 다운 카운터 동작 결과

실습 7.3.3 다운 카운터 회로의 초깃값이 3이 되도록 플립플롭을 초기화하는 회로를 설계하시오.

[그림 7-14]는 리셋 입력 시 다운 카운터의 출력값이 3이 되는 회로의 동작 결과이다.

[그림 7-14] 리셋을 이용한 카운터 초깃값 구현 결과

실습 7.3.4 카운터의 동작을 제어하는 1비트 입력(U)을 추가하여, U가 0일 때는 다운 카운터로, U가 1일 때는 업 카운터로 동작하는 FSM의 상태도, 상태 전이표, 회로도를 설계하고 브레드 보드에 2입력-NAND 게이트, NOT 게이트, 그리고 D 플립플롭을 이용하여 구현하시오.

7.4 벤딩머신 제어기 설계(Vending Machine)

커피와 스프라이트를 판매하는 자동판매기 제어기의 FSM을 설계하자. 1원 동전만을 투입할 수 있으며, 커피와 스프라이트는 각각 1원, 3원이다. 입력받은 돈의 액수를 표시하기 위해 7.2에서 설계한 세그먼트 디코더를 사용하자.

7.4.1 입출력 결정

FSM은 클럭(clock)과 리셋(reset) 신호를 기본으로 포함한다. 1원 동전 투입을 나타내는 동전 입력(coin)을 추가하자.

커피와 스프라이트를 선택할 수 있음을 표시하는 커피(led_coffee) 선택 가능과 스프라이트(led_sprite) 선택 가능의 출력이 필요하다. 또한, 사용자가 커피나 스프라이트를 선택했을 때, 커피와 스프라이트를 사용자에게 내보내는 출력 커피 내보내기(o_coffee)와 스프라이트 내보내기 출력(o_sprite)이 필요하다.

각 상태의 출력인 두 비트 $S0$와 $S1$은 투입된 금액을 나타내며, 세그먼트에 출력하기 위해 세그먼트 디코더의 입력 $D0$와 $D1$으로 인가된다.

[그림 7-15]는 자동판매기 제어를 위한 FSM의 입출력과 블록도를 나타낸다.

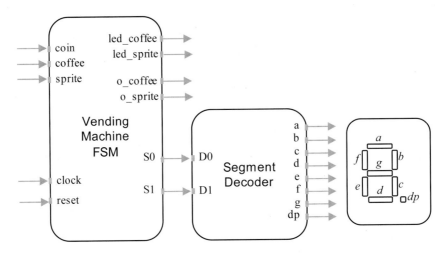

[그림 7-15] 자동판매기 제어기의 입출력과 블록 다이어그램

7.4.2 상태도(State Diagram)

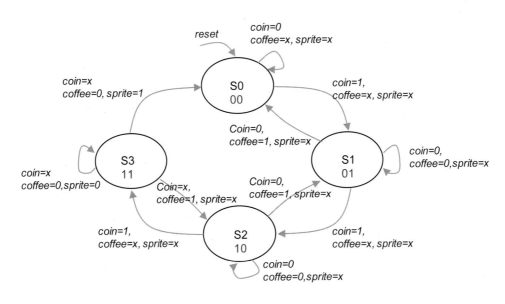

[그림 7-16] 자동판매기 제어기의 상태도 예

[그림 7-16]은 자동판매기 제어기의 상태도를 나타낸다. 본 예제에서는 동전, 커피 선택, 스프라이트 선택의 입력이 동시에 인가되지 않는다고 가정한다.

리셋 후 초기 상태 $S0$는 동전 입력을 받지 않은 상태, 즉 현재까지 입력받은 금액이 0원인 상태이다. 동전 투입이 없으면 현 상태에 계속 머무르고, 동전 투입이 있을 때 다음 상태 $S1$으로 이동한다. $S0$ 상태에서 세그먼트 출력은 0이고, 선택 가능을 나타내는 LED 출력과 커피와 스프라이트를 내보내는 출력도 모두 0이다. $S0$상태에서 커피나 스프라이트를 선택하는 입력이 인가되어도 제품은 반출되지 않아야 한다.

$S1$ 상태는 1원을 입력받은 상태이다. 커피를 선택할 수 있는 LED 출력이 1이 된다. 동전 투입이 있으면 다음 상태 $S2$로 이동한다. 동전 투입이 없을 때, 커피 선택 입력이 들어오면 커피를 내보내고 $S0$ 상태로 이동하고, 그렇지 않으면 $S1$ 상태를 유지한다. $S1$ 상태에서 스프라이트를 선택해도 커피나 스프라이트를 내보내지 않아야 한다.

$S2$ 상태는 2원을 입력받은 상태이다. 커피를 선택할 수 있는 LED 출력이 1이 된다. 동전 투입이 있으면 다음 상태 $S3$로 이동한다. 동전 투입이 없을 때, 커피 입력이 들어오면 커피를 내보내고 $S1$ 상태로 이동하며, 그렇지 않으면 $S2$ 상태를 유지한다. $S2$ 상태에서 스프라이트를 선택해도 스프라이트를 내보내지 않아야 한다.

$S3$ 상태는 3원을 입력받은 상태이다. 커피와 스프라이트를 선택할 수 있는 LED 출력이 1이 된다. 이때 동전 투입은 일어나지 않는다고 가정한다. 커피를 선택하는 입력이 들어오면 $S2$ 상태로 이동하면서 커피를 내보낸다. 스프라이트를 선택하는 입력이 들어오면 $S0$ 상태로 이동하고 스프라이트를 내보낸다. 입력이 없으면 $S3$ 상태를 유지한다.

실습 7.4.1 [그림 7-16] 상태도에 FSM 출력을 추가하시오.

7.4.3 상태 전이표(State Transition Table)

State	$S_1(A)$	$S_0(B)$	Coin(C)	Coffee(F)	Sprite(P)	$S_1{+}(A{+})$	$S_0{+}(B{+})$
S0	0	0	0	X	X	0	0
S0	0	0	1	X	X	0	1
S1	0	1	0	0	X	0	1
S1	0	1	1	X	X	1	0
S1	0	1	0	1	X	0	0
S2	1	0	0	0	X	1	0
S2	1	0	1	X	X	1	1
S2	1	0	0	1	X	0	1
S3	1	1	X	1	X	1	0
S3	1	1	X	0	0	1	1
S3	1	1	X	0	1	0	0

[그림 7-17] 자동판매기 FSM의 State Transition Table

상태 전이표는 FSM에 입력을 가했을 때 일어나는 상태 간의 이동과 출력을 나타낸 표이다. 각 상태는 현재까지 투입된 돈의 액수를 의미하므로, 각 상태를 [그림 7-17]과 같이 인코딩하였다.

실습 7.4.2 실습 7.4.1에서 완성한 상태도의 출력 테이블을 작성하시오.

7.4.4 FSM 회로 설계(FSM Design)

다음 상태 회로를 구현하기 위해, [그림 7-17] 상태 전이표의 다음 상태 $S_1(A){+}$와 S_0 $(B){+}$에 대한 카노맵을 그리면 [그림 7-18]과 같다.

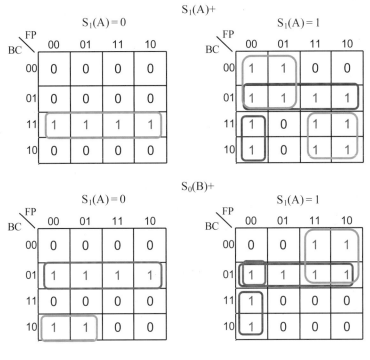

[그림 7-18] 다음 상태 로직 설계를 위한 카노맵

실습 7.4.3 [그림 7-18]의 카노맵을 이용하여, 다음 상태 출력 $S_1(A)+$와 $S_0(B)+$를 입력 $S_1(A)$, $S_0(B)$, C, F, P의 논리식을 표현하시오.

$$A+ = F_1(A, B, C, F, P)$$
$$B+ = F_2(A, B, C, F, P)$$

실습 7.4.4 실습 7.4.2에서 완성한 출력 테이블을 이용해 카노맵을 그리고, 각 출력에 대한 논리식을 완성하시오.

실습 7.4.5 실습 7.4.3과 7.4.4에서 완성한 다음 상태 로직과 출력 로직을 회로로 구현하시오.

[그림 7-19]는 커피, 스프라이트를 판매하는 자동판매기 FSM 회로의 예이다.

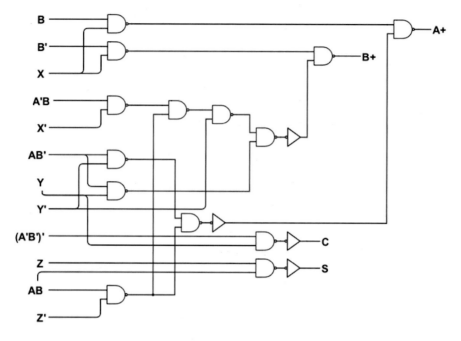

[그림 7-19] 자동판매기 FSM 설계 예

실습 7.5.5 가격이 3원인 콜라를 추가로 판매하는 자동판매기 FSM을 설계하시오.

7.4.5 자동판매기 FSM 구현

[그림 7-20]은 설계한 자동판매기 FSM을 2입력 NAND 게이트, NOT 게이트, 그리고 D 플립플롭을 이용하여 구현한 예이다. 리셋 후 입력된 금액은 0원이며, 모든 LED 출력은 0이다.

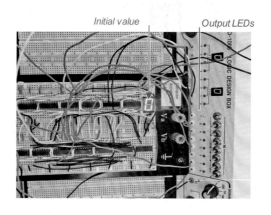

[그림 7-20] 리셋 후 자동판매기 FSM 동작

[그림 7-21]은 각각 1원과 2원이 투입된 $S1$과 $S2$ 상태에서의 자동판매기 FSM의 동작 결과이다. 각각 투입된 금액을 표시하고 있으며 커피를 선택할 수 있는 출력 LED가 켜져 있다.

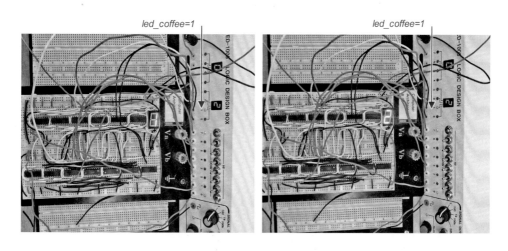

[그림 7-21] 커피를 선택할 수 있는 상태의 FSM 동작

[그림 7-22]는 3원이 입력되었을 때 커피를 판매하는 동작 결과이다. [그림 7-22(a)] 와 같이 3원이 입력되면 커피, 스프라이트, 콜라를 선택할 수 있는 LED가 켜진다. 커피 선택 입력 스위치를 켜면 커피가 출력되는 LED가 켜진다. 커피를 내보낸 후, [그림 7-22(b)]와 같이 현재 투입된 금액은 2원으로 바뀌고, 가격이 3원인 스프라이트와 콜라의 선택 가능 LED는 꺼진다.

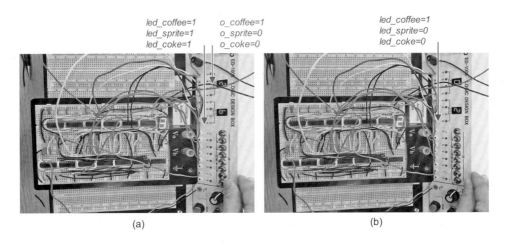

led_coffee=1   o_coffee=1
led_sprite=1   o_sprite=0
led_coke=1   o_coke=0

led_coffee=1
led_sprite=0
led_coke=0

(a)   (b)

[그림 7-22] 커피를 구매했을 때의 FSM 동작

[그림 7-23]은 3원이 입력되었을 때 스프라이트를 판매하는 동작 결과이다. [그림 7-23(a)]와 같이 3원이 입력되었을 때 커피, 스프라이트, 콜라를 선택할 수 있는 LED가 켜진다. 스프라이트 선택 입력 스위치를 켜면 스프라이트가 출력되는 LED가 켜진다. 음료를 내보낸 후 [그림 7-23(b)]와 같이 현재 투입된 금액은 0원으로 바뀌고, 모든 선택가능 LED는 꺼진다.

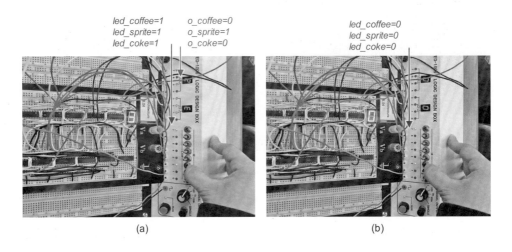

led_coffee=1   o_coffee=0
led_sprite=1   o_sprite=1
led_coke=1   o_coke=0

led_coffee=0
led_sprite=0
led_coke=0

(a)   (b)

[그림 7-23] 스프라이트를 구매했을 때의 FSM 동작

실습 7.5.6 자동판매기 FSM 회로를 구현하고 가능한 모든 동작을 위와 같이 검증하시오.

(주어진 브레드 보드만을 사용하여 구현하시오)

실습 7.5.6 구현한 자동판매기 FSM 에 추가 기능을 정의하고 구현하시오.

(주어진 브레드 보드만을 사용하여 구현하시오.)

7.5 IC를 이용한 디지털 회로 설계 정리(Summary)

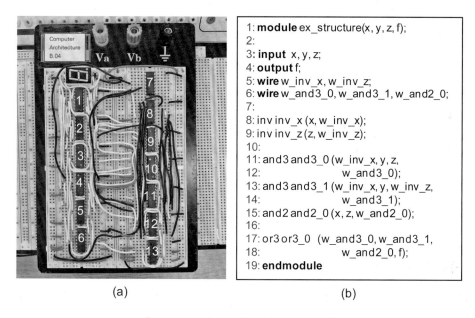

(a)   (b)

[그림 7-24] 디지털 시스템 설계 예

[그림 7-24(a)]는 실습 7.4에서 설계한 자동판매기 FSM을 NAND, NOT, D 플립플롭을 이용하여 구현한 회로이다. IC 위에 흰색으로 번호를 표시하였다. 총 13개의 IC가 사용되었으며, 각 IC 내부에는 4개, 6개 또는 2개의 게이트 또는 D 플립플롭이 내장되어 있다. [그림 7-24(b)]는 조합회로 설계에서 구조적 모델의 예로 보인 Verilog HDL 코드이다. 파란색으로 각 줄 번호를 표시하였다. 총 19개의 줄로 기술되어 있으며, 6개의 게

이트를 연결하여 설계된 조합회로를 기술한다.

브레드 보드에 구현된 IC는 모두 알고 있는 것과 같이 모두 동시에 동작한다. 1번 IC가 동작하고 나서 2번 IC, 그리고 3번 IC 순서대로 동작하지 않는다.

Verilog HDL로 기술된 회로 또한 실제 게이트를 이용하여 구현하고자 하는 하드웨어를 기술한다. 8번 줄에 기술된 NOT 게이트가 먼저 동작하고, 그다음 9번 줄의 NOT 게이트가 동작한 다음에, 11번째 줄의 AND 게이트가 동작하는 것이 아니다. 기술된 모든 게이트는 동시에 동작하는 회로이다.

보통 프로그래밍 언어를 먼저 배운 다음에 Verilog HDL을 접하게 된다. 컴퓨터에서 실행되는 프로그래밍 언어의 특성상 프로그램에 나타나는 순서대로 한 줄 한 줄 차례로 실행되는 기술 방법에 익숙해지기 마련이다. 그렇지만 실습에서 경험한 것과 같이 하드웨어는 위에서부터 차례대로 또는 번호 붙인 순서대로 동작하는 것이 아니고 매시간 동시에 동작한다.

모든 하드웨어는 동시에 동작한다는 점을 명심하고, Verilog HDL을 사용하여 회로를 기술할 때는 프로그래밍을 하는 것이 아니라, 브레드 보드에 부품을 하나씩 꽂으면서 하드웨어를 구현하고 있다는 점을 잊지 말기 바란다. 하드웨어를 기술하면서 프로그래밍하는 것처럼 코딩하면 하드웨어로 구현할 수 없는, 시뮬레이션만 가능한 코드를 생산할 가능성이 높아진다.

브레드 보드에 회로를 구현하여 검증하는 것은 결코 쉽지 않은 일이다. 사용한 IC 중에 하나가 망가졌을 수도 있으며, 브레드 보드 내부가 쇼트나서 오동작을 할 수도 있다. 또한, 전선 하나를 잘못 연결해서 그 잘못 연결된 전선을 찾기 위해 많은 시간을 보낼 수도 있다. 이렇게 쉽지만은 않은 실습을 통해서, 어떤 이유에서든지 회로는 오동작할 수 있다는 것을 이해하고, 구현한 모든 회로를 다 뽑아내고 새로 구현하는 것이 그렇게 오래 걸리지 않는다는 것도 깨닫고, 하드웨어가 모두 동시에 동작하는 것이라는 것을 익힐 수 있기를 바란다. 또한, Verilog HDL 언어를 사용한 하드웨어 설계가 얼마나 획기적인 방법론인지도 느낄 수 있을 것이다.

08
Verilog HDL

Verilog HDL을 이용한
디지털 시스템 설계 실습
(Digital System Design using Verilog HDL)

CHAPTER 08

Verilog HDL

Verilog HDL을 이용한 디지털 시스템 설계 실습
(Digital System Design using Verilog HDL)

8.1 세그먼트 디코더 설계(Segment Decoder)

7-세그먼트는 회로의 출력을 숫자로 표현하기 위하여 사용한다. 4비트 입력 d[3:0]를 받아들여 0~F의 16진수 숫자를 표시하는 7-세그먼트 디코더 조합회로를 설계하자. [그림 8-1]과 같은 방법으로 16진수 숫자를 세그먼트에 나타내자. A~F 영문의 경우 오른쪽 아래 점을 출력한다.

[그림 8-1] 세그먼트를 이용한 16진수 표현 예

8.1.1 입출력 결정

[그림 8-2]는 세그먼트 디코더 모듈(dec_7seg)의 블록 다이어그램이다. 입력은 4비트 버스 d[3:0]이고 출력은 8비트 버스 seg[7:0]이다. 각 출력은 세그먼트의 입력 a~dp로 인가된다.

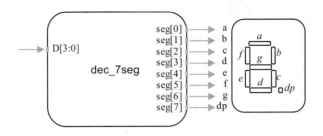

[그림 8-2] 세그먼트 디코더의 입출력 및 모듈

8.1.2 진리표 작성

세그먼트 디코더의 진리표를 작성하면 [그림 8-3]과 같다.

d[3]	d[2]	d[1]	d[0]	seg[0]	seg[1]	seg[2]	seg[3]	seg[4]	seg[5]	seg[6]	seg[7]
0	0	0	0	1	1	1	1	1	1	0	0
0	0	0	1	0	1	1	0	0	0	0	0
0	0	1	0	1	1	0	1	1	0	1	0
0	0	1	1	1	1	1	1	0	0	1	0
0	1	0	0	0	1	1	0	0	1	1	0
0	1	0	1	1	0	1	1	0	1	1	0
0	1	1	0	1	0	1	1	1	1	1	0
0	1	1	1	1	1	1	0	0	1	0	0
1	0	0	0	1	1	1	1	1	1	1	0
1	0	0	1	1	1	1	1	0	1	1	0
1	0	1	0	1	1	1	0	1	1	1	1
1	0	1	1	0	0	1	1	1	1	1	1
1	1	0	0	1	0	0	1	1	0	1	1
1	1	0	1	0	1	1	1	1	0	1	1
1	1	1	0	1	0	0	1	1	1	1	1
1	1	1	1	1	0	0	0	1	1	1	1

[그림 8-3] 세그먼트 디코더의 진리표

8.1.3 논리식으로 표현

진리표를 기준으로 카노맵을 그리고, 간단한 논리식의 출력을 표현한다. [그림 8-4]는 출력 seg[0]과 seg[1]에 대한 카노맵이다. 각 출력을 논리식으로 표현하면 다음과 같다.

$$seg[0]=d[3]'d[2]'d[0]'+d[3]d[0]'+d[3]'d[1]+d[2]d[1]+d[3]'d[2]d[0]+d[3]d[2]'d[1]'$$

$$seg[1]=d[3]'d[2]'+d[3]'d[1]'d[0]'+d[3]'d[1]d[0]+d[3]d[1]'d[0]+d[3]d[2]'d[0]'$$

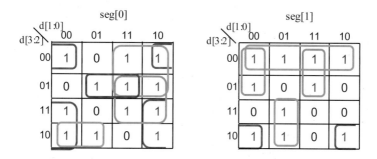

[그림 8-4] 세그먼트 출력 seg[0]과 seg[1]의 카노맵

[그림 8-5]는 출력 seg[2]과 seg[3]에 대한 카노맵이다. 각 출력을 논리식으로 표현하면 다음과 같다.

$$seg[2]=d[3]'d[1]'+d[3]'d[0]+d[3]'d[2]+d[1]'d[0]+d[3]d[2]'$$

$$seg[3]=d[3]d[1]'+d[2]d[1]'d[0]+d[2]d[1]d[0]'+d[2]'d[1]d[0]+d[3]'d[2]'d[0]'$$

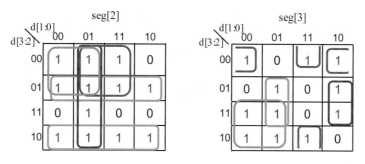

[그림 8-5] 세그먼트 출력 seg[2]과 seg[3]의 카노맵

실습 8.1.1 나머지 출력 seg[7:4]의 카노맵을 그리고 각 출력을 논리식으로 표현하시오.

8.1.4 Verilog HDL 기술

간단한 조합회로 구현에 사용되는 assign 구문을 이용하여 Verilog HDL로 세그먼트 디코더를 기술하면 다음과 같다. 세그먼트 디코더는 case문을 사용하여 간단하게 기술 할 수 있지만 이번 실습에서는 assign을 사용하도록 한다. 각 출력을 assign 구문 다음에 적고, '=' 오른쪽에 각 출력에 대한 논리식을 기술하면 된다. 세그먼트 디코더의 Verilog HDL 코드는 다음과 같다.

```
module dec_7seg (        // 7 segment decoder
                d,       // 4bit input
                seg);    // 8bit output to the segment

input [3:0] d;
output [7:0] seg;

assign seg[0]=~d[3]&~d[2]&~d[0] | d[3]&~d[0]& | ~d[3]&d[1] | d[2]&d[1] |
            ~d[3]&d[2]&d[0] | d[3]&~d[2]&~d[1];
assign seg[1]=~d[3]&~d[2]& | ~d[3]&~d[1]&~d[0] | ~d[3]&d[1]&d[0] |
            d[3]&~d[1]&d[0] | d[3]&~d[2]&~d[0];
assign seg[2]=_____;
assign seg[3]=_____;
assign seg[4]=_____;
assign seg[5]=_____;
assign seg[6]=_____;
assign seg[7]=_____;

endmodule
```

실습 8.1.2 위 세그먼트 디코더 Verilog HDL 코드를 완성하시오.

8.1.5 테스트 벤치 작성

세그먼트 디코더의 설계를 검증하기 위해서 다음과 같은 테스트 벤치를 작성한다. 테스트하고자 하는 모듈 dec_7seg의 입력 d는 reg로 선언하고, 출력 seg는 wire로 선언한다. dec_7seg 모듈을 인스턴스화 하고, 입출력을 연결한다. 마지막으로 입력 신호를 생성한다. 세그먼트 디코더의 경우 입력이 4비트이므로 모든 가능한 입력 16가지 값을 만든다.

```verilog
`timescale 1ns/10ps

module tb_dec_7seg();

reg [3:0] d;
wire [7:0] seg;

dec_7seg U0(            // 7 segment decoder
        .d(d),         // 4bit input
        .seg(seg));    // 8 bit output

initial begin
    d=4'b0000; #10;
    d=4'b0001; #10;
    d=4'b0010; #10;
    d=4'b0011; #10;

    d=4'b0100; #10;
    d=4'b0101; #10;
    d=4'b0110; #10;
    d=4'b0111; #10;

    d=4'b1000; #10;
    d=4'b1001; #10;
    d=4'b1010; #10;
    d=4'b1011; #10;
```

```
    d=4'b1100; #10;
    d=4'b1101; #10;
    d=4'b1110; #10;
    d=4'b1111; #10;
end
endmodule
```

실습 8.2.3 위 테스트 벤치를 Self-checking 테스트 벤치로 작성하시오.

8.2 Verilog HDL 시뮬레이션(Simulation)

8.2.1 모델심(Modelsim)

멘토사의 ModelSim은 HDL 시뮬레이터로 HDL 설계 검증에 사용되는 캐드(CAD) 툴이며, FPGA 제조사의 툴과 연동된다. ModelSim은 Model Simulation의 줄임말로, Verilog HDL, VHDL, System C를 지원한다. 또한, 디버깅 기능과 시뮬레이션 기능을 지원하여 설계된 모듈을 모델링하여 결과를 얻을 수 있게 만든 통합 개발 환경(IDE)이다.

멘토(Mentor)사에서는 HDL을 시뮬레이션할 수 있는 ModelSim의 학생판 (ModelSim PE Student Edition)을 무료로 제공한다. (https://www.mentor.com/company/higher_ed/modelsim-student-edition)

8.2.2 시뮬레이션하기

진리표와 카노맵을 이용해 Verilog HDL로 기술한 세그먼트 디코더의 동작을 확인하기 위해 시뮬레이션을 수행한다. 시뮬레이션을 통해 세그먼트 디코더 내 신호의 파형을 관찰하고 분석하여 회로의 정상 동작 여부를 확인할 수 있다.

0. Verilog HDL로 기술된 세그먼트 디코더(dec_7seg.v)와 테스트 벤치(tb_dec_7seg.v) 파일을 하나의 폴더에 준비한다.

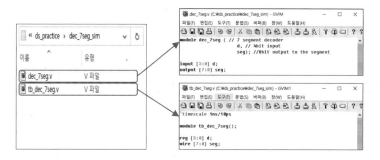

[그림 8-6] Verilog HDL로 기술된 세그먼트 디코더 및 테스트 벤치

1. 모델심을 실행한 후, 새로운 시뮬레이션 프로젝트를 생성하기 위해 다음과 같이 진행한다.
   (1) 'File' 탭을 클릭한다.
   (2) 'New' → 'Project...'을 클릭한다.
   (3) Project Name에는 프로젝트 이름을 적는다.
   (4) Project Location에는 생성하는 프로젝트가 저장될 경로를 지정한다.

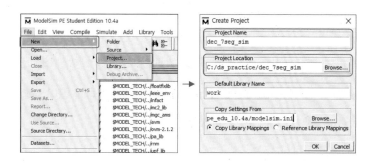

[그림 8-7] 생성할 프로젝트의 이름 및 디렉토리 설정

2. 설계한 Verilog HDL 파일을 프로젝트에 추가하기 위하여 다음과 같이 진행한다.

(1) Add items to the Project 창이 나타나면, 'Add Existing File'을 클릭한다.

(2) 'Browser' 버튼을 클릭한다.

(3) 시뮬레이션을 진행할 파일과 테스트 벤치 파일을 선택해서 불러온다.

(4) 'OK' 버튼과 'Close' 버튼을 클릭하여 파일 추가를 완료한다.

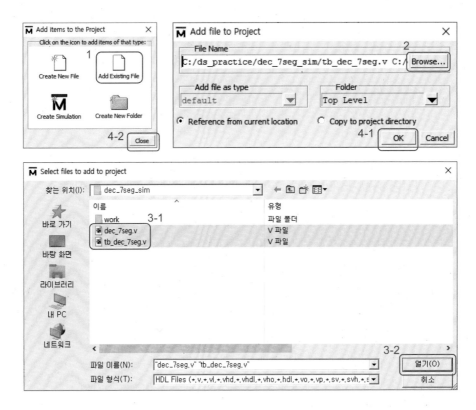

[그림 8-8] 프로젝트에 파일 추가

3.A. 추가된 파일의 컴파일은 Command 혹은 GUI 방식으로 진행할 수 있다. Command 방식의 경우, 추가된 파일의 컴파일을 수행하기 위해 다음과 같이 진행한다.

(1) 'Transcript' 창에 vlog dec_7seg.v를 입력한다.

(2) 'Transcript' 창에 vlog tb_dec_7seg.v를 입력한다.

(3) 컴파일 결과, 'Errors' 혹은 'Warnings'가 없는지 확인한다.

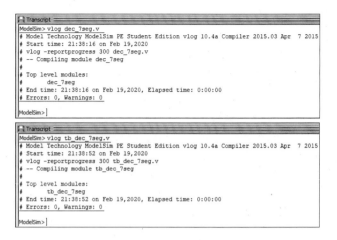

[그림 8-9] Command 방식으로 컴파일 수행

3.B. GUI 방식의 경우, 추가된 파일의 컴파일을 수행하기 위해 다음과 같이 진행한다.

(1) 우클릭 → 'Compile' → 'Compile All'을 클릭하거나, 상단 'Compile All' 버튼을 클릭한다.

(2) 컴파일 결과, 에러 없이 "Compile of ~ was successful." 안내문과 초록색 체크 마크가 표시됨을 확인한다.

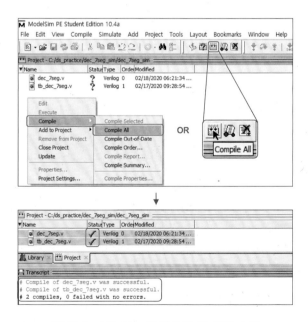

[그림 8-10] GUI 방식으로 컴파일 수행

컴파일 오류 발생 시, 해당 파일 우클릭 및 'edit'을 클릭하여 파일을 수정한다.
이때 'Transcript' 창의 에러(빨간색 문장)를 더블 클릭하면 에러가 발생된 부분 및
에러 내용을 확인할 수 있다.

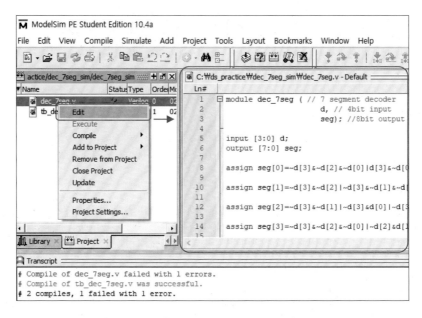

[그림 8-11] Verilog HDL 파일 수정하기

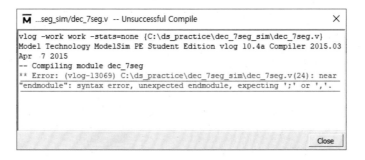

[그림 8-12] 컴파일 에러 확인하기

4.A. 시뮬레이션을 위해 설계된 모듈 불러오기는 Command 혹은 GUI 방식으로 진행할 수
있다. Command 방식의 경우, 설계된 모듈을 불러오기 위해 다음과 같이 진행한다.

(1) 'Transcript' 창에 vsim work.tb_dec_7seg 를 입력한다.

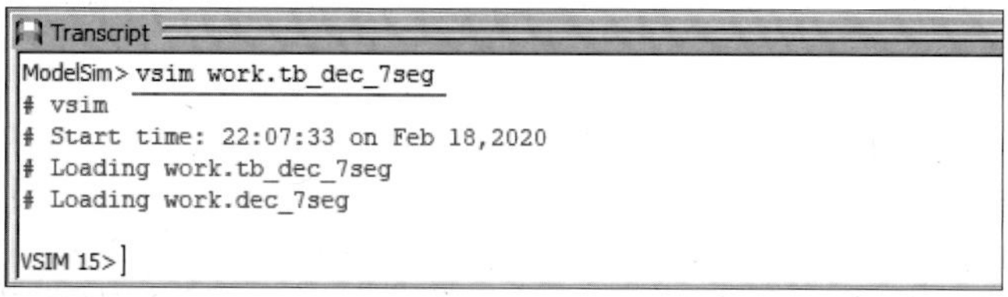

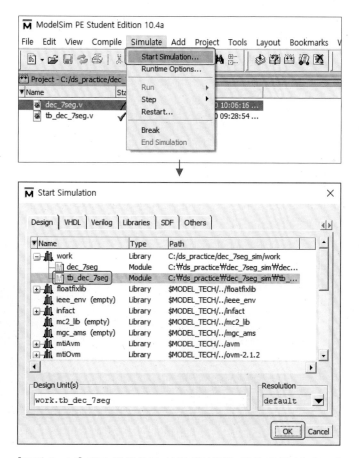

[그림 8-13] Command 방식으로 시뮬레이션을 위한 모듈 불러오기

4.B. GUI 방식의 경우, 설계된 모듈을 불러오기 위해 다음과 같이 진행한다.

　(1) 'Simulate' 탭에 있는 'Start Simulation…'을 클릭한다. ('Start Simulation' 창이 열린다.)

　(2) 'work' 하위에 있는 'tb_dec_7seg'를 선택하고, 'OK' 버튼을 클릭한다.

[그림 8-14] GUI 방식으로 시뮬레이션을 위한 모듈 불러오기

5. 'Transcript' 창에 view structure, view signals, view wave를 입력함으로써, 시뮬레이션 수행 준비를 완료한다.

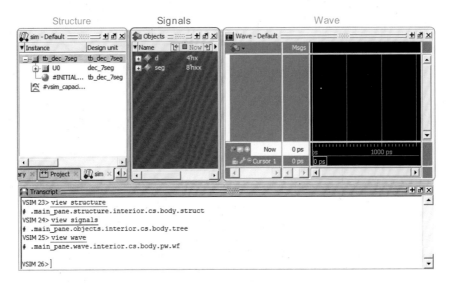

[그림 8-15] 시뮬레이션 수행 준비

6. 설계된 모듈 내 신호 동작을 보기 위해 다음과 같이 진행한다.

(1) 'tb_dec_7seg' 인스턴스를 클릭한다.

(2) 동작을 확인하고 싶은 신호를 선택하고 드래그하여 wave 창에 넣는다.

(3) 'Toggle leaf names' 버튼을 클릭하면 위치 정보가 제외된 신호 이름만을 볼 수 있다.

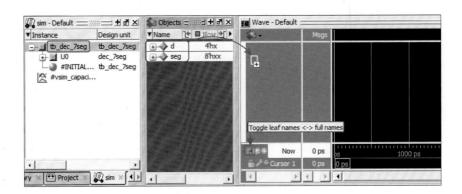

[그림 8-16] 신호 가져오기

7. 'Transcript' 창에 run <times>를 입력한다. <times>에는 시뮬레이션하고자 하는 시간을 입력하며, 'wave' 창을 통해 신호 동작을 확인한다. (200ns동안 시뮬레이션을 수행하기 위해 run 200ns를 입력한다.)

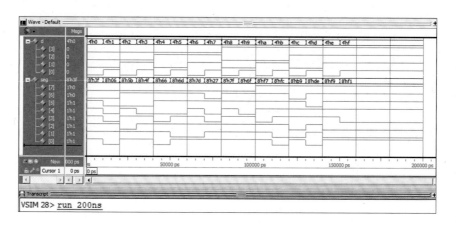

[그림 8-17] 시뮬레이션 수행 및 동작 확인

실습 8.2.1 시뮬레이션 파형을 효과적으로 확인하기 위한 ModelSim의 여러 기능을 활용해 보시오. (Zoom in & out / Grouping / Combining / Cursor, Radix, Signal color setting / Wave format saving, etc.)

8.3 FPGA 회로 구현(FPGA Implementation)

8.3.1 Intel (Altera) Quartus II

Intel (Altera)사의 Quartus II는 CPLD, FPGA 및 SoC 설계를 위한 소프트웨어이다. Quartus II는 Verilog HDL, VHDL을 지원하며, 디자인을 합성하고 분석할 수 있다. Quartus II는 Place & Route 기능과 타이밍 분석 기능을 제공한다.

8.3.2 회로 합성 및 FPGA 다운로드

시뮬레이션으로 검증된 세그먼트 디코더의 동작을 실제로 확인하기 위해 FPGA의 합성과 매핑 그리고 다운로드 과정을 수행한다. 이를 통해 FPGA와 세그먼트가 포함된 실습보드로 정상 동작 여부를 확인할 수 있다.

0. 실습에 사용되는 FPGA 보드는 6개가 통합된 세그먼트를 포함하기 때문에, 6개의 세그먼트 중 표시될 세그먼트를 선택하는 신호가 필요하다. 세그먼트 디코더 수정 및 개발 환경 구성은 다음과 같이 진행한다.

   (1) 출력으로 6비트 버스 seg_sel[5:0] 신호를 추가하고, 표시될 세그먼트의 seg_sel 신호를 'High'로 출력한다. (예: seg_sel=6'b000_001;)

   (2) 수정된 세그먼트 디코더(dec_7seg.v) 파일을 프로젝트 폴더에 준비한다.

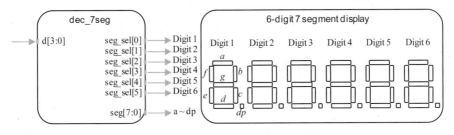

[그림 8-18] 6-digit 7 세그먼트 동작을 위한 세그먼트 디코더의 입출력 및 모듈

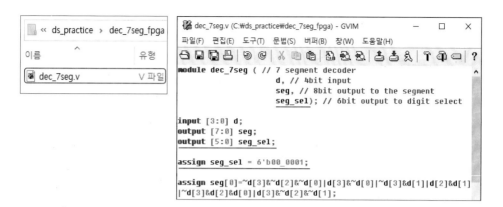

[그림 8-19] seg_sel 신호를 포함하는 세그먼트 디코더

1. 쿼터스 프로그램을 실행한 후, 새로운 프로젝트를 생성하기 위해 다음과 같이 진행한다.

   (1) 'File' 탭에서 'New Project Wizard…'를 클릭한다.

   (2) 'Introduction' 창에서 'Next'를 클릭한 후, 'Directory, Name, Top-Level Entity' 창에서 프로젝트 폴더 위치를 지정하고 프로젝트 이름을 작성한다. 이때 프로젝트 이름은 디자인의 최상위 모듈의 이름과 일치해야 한다. (해당 실습에서는 dec_7seg로 작성한다.)

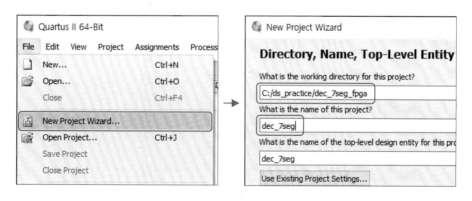

[그림 8-20] 새로운 프로젝트 생성을 위한 위치 및 이름 지정

   (3) '…' 버튼을 클릭하여 준비된 세그먼트 디코더(dec_7seg.v) 파일을 선택해서 불러온다. 'Add' 버튼을 클릭하고 하단 파일 목록에 불러온 파일이 추가됨을 확인한다.

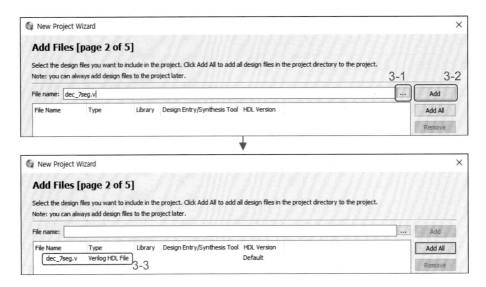

[그림 8-21] 프로젝트에 파일 추가

(4) 타겟으로 하는 FPGA의 Family와 Name을 확인하고, 해당 FPGA를 선택 후
'Finish' 버튼을 클릭한다. (해당 실습에서는 'Cyclone III' Family의 'EP3C25Q240C8'
FPGA를 선택한다.)

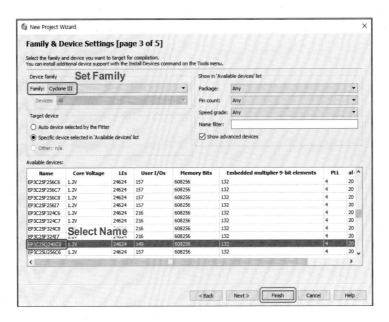

[그림 8-22] FPGA 선택 및 프로젝트 생성 완료

2. 'Task' 목록에 있는 'Analysis & Synthesis'를 더블클릭하여 합성을 수행한다. 합성 결과, 초록색 체크 마크가 표시됨을 확인한다. (하단 'Messages'창을 통해 에러 없이 "Analysis & Synthesis was successful." 안내문 또한 확인할 수 있다.)

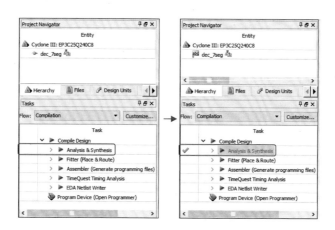

[그림 8-23] 합성 수행 및 완료

3. 상단 아이콘 중 'Pin Planner' 버튼을 클릭하고, 설계한 모듈의 입출력과 FPGA의 핀을 맵핑한다. (해당 실습에서는 실습 보드에 내장된 푸시 버튼과 입력 d를, 6-digit 7 segment와 출력 seg, seg_sel을 연결한다.)

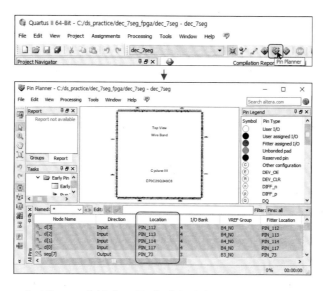

[그림 8-24] 설계 모듈의 입출력과 FPGA의 핀 맵핑

Push button	FPGA PIN	7 Segment	FPGA PIN	Digit Sel	FPGA PIN
BTN[3]	PIN_112	seg_a	PIN_69	Digit 1	PIN_70
BTN[2]	PIN_113	seg_b	PIN_63	Digit 2	PIN_65
BTN[1]	PIN_114	seg_c	PIN_78	Digit 3	PIN_64
BTN[0]	PIN_117	seg_d	PIN_72	Digit 4	PIN_81
		seg_e	PIN_71	Digit 5	PIN_57
		seg_f	PIN_68	Digit 6	PIN_82
		seg_g	PIN_80		
		seg_dp	PIN_73		

[그림 8-25] 실습 보드 내 푸시 버튼 및 7 segment의 FPGA 핀 Assignment

4. 'Task' 목록에 있는 'Compile Design'을 더블클릭하여 컴파일을 수행한다. 컴파일 결과, 모든 항목에 대해 초록색 체크 마크가 표시됨을 확인한다. 이 과정을 통해 FPGA에 다운로드할 수 있는 'sof' 파일을 얻게 된다.

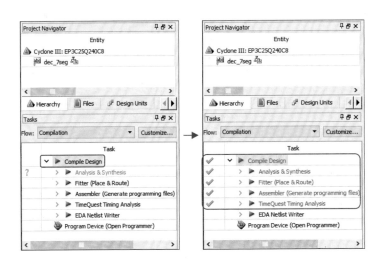

[그림 8-26] 디자인 컴파일 수행 및 완료

5. FPGA에 설계된 로직을 다운로드하기 위해 다음과 같이 진행한다.

   (1) 'Task' 목록에 있는 'Program Device'를 더블클릭하여 'Programmer' 창을 연다.

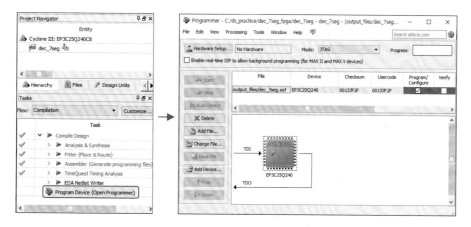

[그림 8-27] FPGA 프로그래밍(sof 파일 다운로드) 준비

(2) File 목록에 sof 파일이 없다면, 좌측 'Add File…' 메뉴를 클릭하고 〈현재 프로
젝트 디렉토리〉\output_files에 들어 있는 dec_7seg.sof 파일을 선택한다.

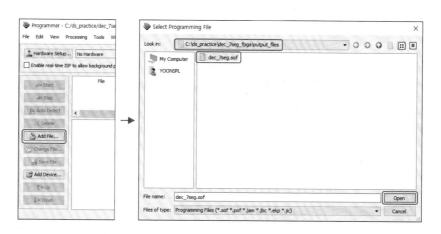

[그림 8-28] sof 파일 불러오기

(3) sof 파일이 추가된 후, 'Hardware Setup…'을 클릭하여 'Hardware Setup 창을
연다. 'Currently selected hardware' 옆 목록상자에서 'USB-Blaster [USB-0]'
을 선택하고 'Close' 버튼을 클릭한다. 이에 'USB-Blaster [USB-0]'으로 설정
완료됨을 확인한다.

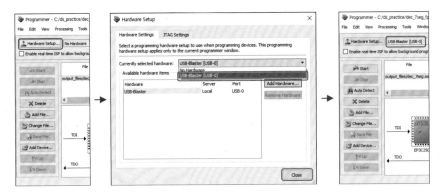

[그림 8-29] USB-Blaster 지정하기

(4) ('sof' 파일이 목록에 있으며, 'USB-Blaster'가 지정된 상태에서) 'Start' 버튼을 클릭하여 연결된 FPGA의 프로그래밍을 수행하고, 'Progress' 상태 창에 '100% (Successful)'이 표시됨을 확인한다. 이 후 설계된 세그먼트 디코더가 실습 보드의 FPGA를 통해 정상 작동되는지 확인한다.

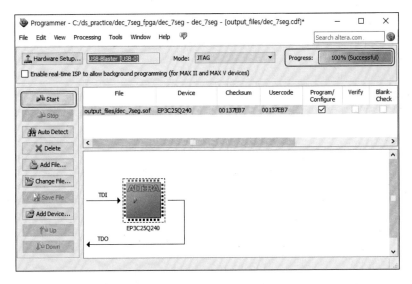

[그림 8-30] FPGA 프로그래밍 수행

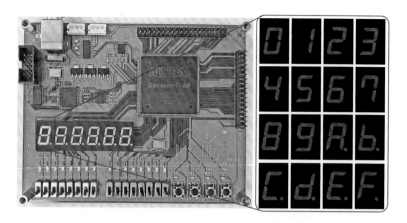

[그림 8-31] 세그먼트 디코더 동작

실습 8.3.1 위에서 설계된 세그먼트 디코더를 그대로 컴파일하고 다운로드할 경우, [그림 8-31]과 다른 결과를 보여 줄 것이다. 실습 보드에 장착된 푸시 버튼과 세그먼트의 동작에 대해 이해하고 위와 같은 결과를 보여 줄 수 있도록 세그먼트 디코더를 수정하여 구현하시오.

8.4 세그먼트 디스플레이 컨트롤러 설계(Display Controller)

[그림 8-32]는 6개의 세그먼트를 포함하는 FPGA 보드이다. 실습 8.3에서 구현된 세그먼트 디코더는 6개의 세그먼트 중에 몇 개의 세그먼트를 선택해서 숫자를 표시할 수 있지만, 모두 같은 숫자가 표시된다. 이번 실습에서는 [그림 8-32]와 같이 6개의 세그먼트에 0~5까지의 서로 다른 숫자를 동시에 표시하는 디스플레이 컨트롤러를 설계한다.

[그림 8-32] 서로 다른 숫자를 표시하는 세그먼트

[그림 8-32]에서 세그먼트는 0~5까지의 숫자를 모두 표시하고 있다. 그렇지만 사실은 순간순간 하나의 세그먼트만 숫자를 표시하고 있으며, 나머지 5개는 꺼져 있다. 이렇게 하나씩 숫자를 표시하면서 0, 1, 2, 3, 4, 5, 0, 1, 2 ⋯ 순서로 세그먼트를 표시하면 모든 숫자가 동시에 켜져 있는 것으로 보인다. 우리가 사용하는 대부분의 디스플레이 장치는 이런 원리로 동작한다. 윗줄부터 한 줄씩 아래로 표시해 나가면 마치 화면 전체가 디스플레이 되는 것처럼 보인다.

실습 8.3에서는 조합회로인 세그먼트 디코더 회로를 FPGA에 구현하였다. 본 실습에서는 세그먼트 디코더 회로를 재사용하면서, FSM을 설계하여 여러 숫자를 표시하는 동기 순차회로를 설계한다.

8.4.1 입출력 결정

동기 순차회로이므로 클럭(clock)과 리셋(reset)을 포함한다. 정해진 숫자 0~5를 표시하므로 더 이상의 입력은 필요 없다. 출력은 세그먼트를 선택하는 6비트 출력 seg_sel[5:0]과 세그먼트에 표시될 8비트 seg[7:0] 이다.

[그림 8-33]은 세그먼트 디스플레이 컨트롤러의 입출력을 포함한 블록 다이어그램이다. 최고 상위 모듈(top)은 seg_controller이다. 내부에 세 개의 모듈을 포함하고 있다. 먼저 세그먼트에 4비트 입력이 들어오면, 이 값을 16진수로 세그먼트에 표시하는 세그먼트 디코더(dec_7seg)를 포함한다. 각 세그먼트를 순차적으로 표시하기 위해 FSM이 필요하다. fsm 모듈은 입력으로 클럭과 리셋을 받아들여, 출력으로 세그먼트에 표시하고자 하는 4비트 숫자 d[3:0], 그리고 6개의 세그먼트 중에 하나를 선택하는 seg_sel[5:0]을 내보낸다. 6개의 세그먼트를 순차적으로 표시할 때, 하나의 세그먼트가 숫자를 표시하는 시간을 결정하기 위하여 카운터(counter) 모듈을 포함한다. 클럭과 리셋을 입력으로 하는 카운터의 출력은 fsm 모듈의 입력으로 연결된다.

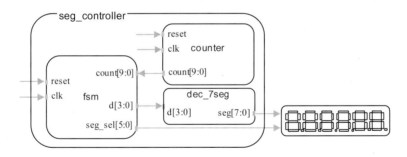

[그림 8-33] 세그먼트 디스플레이 컨트롤러 블록 다이어그램

8.4.2 상태도(State Diagram)

세그먼트 디스플레이 컨트롤러의 FSM은 [그림 8-34]와 같다. 리셋 후 초기 상태 *S0*는 첫 번째 세그먼트를 선택하여 숫자 0을 표시하는 상태이다. 따라서 출력 seg_sel은

6'b10_0000이고, d는 4'h0이다. 10비트 카운터가 0에서부터 시작하여 3FF가 될 때까지 S0 상태를 유지하고, 카운터값이 3FF가 되면 다음 상태 S1으로 이동한다.

상태 S1은 두 번째 세그먼트를 표시하는 상태이며, 출력 seg_sel은 6'b01_0000이고 d=4'h1이다. S0 상태와 같이 카운터값이 3FF가 되면 다음 상태 S2로 이동하고, 그렇지 않은 경우는 S1 상태를 유지한다.

상태 S2, S3, S4는 각각 세 번째, 네 번째, 다섯 번째 세그먼트를 표시하는 상태이고 기본 동작은 상태 S1과 같다.

마지막 상태 S5는 여섯 번째 세그먼트를 표시하는 상태로, 출력 seg_sel은 6'b00_0001 이고 d=4'h5이다. 카운터값이 3FF가 되면 초기 상태 S0로 이동한다.

이렇게 하여 6개의 세그먼트는 순차적으로 다른 값을 표시한다.

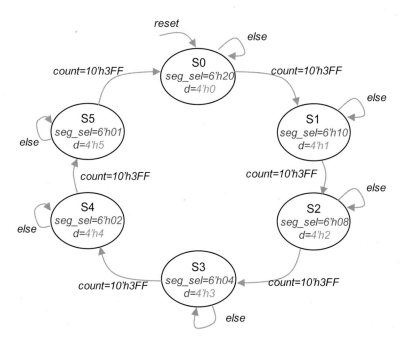

[그림 8-34] 세그먼트 디스플레이 컨트롤러 FSM의 상태도

8.4.3 Verilog HDL 기술

[그림 8-33]의 블록도와 같은 구조로 다음과 같이 8개의 Verilog HDL 코드를 기술한다.

- dec_7seg.v
- tb_dec_7seg.v
- counter.v
- tb_counter.v
- fsm.v
- tb_fsm.v
- seg_controller.v
- tb_segcontroller.v

먼저, 세그먼트 디코더 모듈(dec_7seg.v)과 테스트 벤치(tb_dec_7seg.v)는 실습 8.1에서 설계하였다. 실습 8.2에서 시뮬레이션을 수행하고, 실습 8.3에서 FPGA에 구현하여 회로를 검증하였다.

카운터 모듈(counter.v)은 5.4절에서 설명한 2비트 업 카운터의 비트 수 N을 10으로 바꿔 다음과 같이 기술할 수 있다.

```verilog
module counter(          // 10bit counter
            clk,
            reset,
            count);  // 10bit count
parameter N=10;
input clk;
input reset;
output reg [N-1:0] count;

always @ (posedge clk or posedge reset)  begin
    if (reset) count <= 0;
    else count <= count+1'b1
end
endmodule
```

카운터 모듈의 테스트 벤치(tb_count.v)는 5.6절에서 배운 신호등 제어기 FSM의 테스트 벤치를 수정하여 기술한다. 동기 순차회로의 테스트 벤치 작성에 유용하다.

```
`timescale  1ns/1ps
module tb_count();

reg clk, reset;
wire [9:0] count;

parameter clk_period = 10;

counter  U0(                  //10 bit count
        .clk(clk),
        .reset(reset),
        .count);              //10 bit count
initial begin                 // reset signal
    reset = 0;
    #13 reset = 1;
    #(clk_period) reset = 0;
end

always begin                  // clock signal generation
    clk = 0;
    forever #(clk_period/2) clk = ~clk
end
endmodule
```

FSM 모듈(fsm.v)은 5.6절에서 배운 FSM 코드를 참조하여 기술한다. 상태도를 그대로 옮겨 적는 과정이 Verilog HDL을 이용한 설계이다. 코딩하면서 상태도의 오류를 발견하면 상태도 먼저 수정하고, 다시 옮겨서 Verilog HDL로 기술해야 한다.

실습 8.4.1 다음 FSM 코드의 다음 상태 로직과 출력 로직을 5.6절 예제를 참고하여 완성하시오.

```
module fsm
        (clk, reset,
        count,                // count value
```

```verilog
                d,              // segment data in
                seg_sel);       // segment select
input clk;
input reset;
input [9:0] count;
output reg [3:0] d;
output reg [5:0] seg_sel;

reg [2:0] state, next_state;
parameter S0=3'b000;
parameter S1=3'b001;
parameter S2=3'b011;
parameter S3=3'b010;
parameter S4=3'b100;
parameter S5=3'b101;

// status register
always @ (posedge clk or posedge reset)
begin
    if (reset) state <= S0;
    else state <= next_state;
end

// next state logic
always @ (state or count) begin

        Next State Logic

end

// output logic
always @(state) begin

        Output Logic

end
endmodule
```

세그먼트 디스플레이 컨트롤러 FSM의 테스트 벤치(tb-fsm.v)도 5.6절에서 배운 FSM의 테스트 벤치를 참조하여 작성한다.

실습 8.4.2 다음 테스트 벤치의 테스트 벡터 부분을 완성하고 Modelsim을 사용하여 시뮬레이션하시오.

```verilog
`timescale  1ns/1ps
module tb_fsm();

reg clk, reset;
reg [9:0] count;
wire [3:0] d;
wire [5:0] seg_sel;

parameter clk_period = 10;

fsm U0
        (.clk(clk), .reset(reset),
         .count(count),            // count value
         .d(d),                    // segment data in
         .seg_sel(seg_sel));       // segment select

initial begin                      // reset signal
    reset = 0;
    #13 reset = 1;
    #(clk_period) reset = 0;
end

always begin                       // clock signal generation
    clk = 0;
    forever #(clk_period/2) clk = ~clk;
end
```

```
initial begin                          // input stimulus

        Input Stimulus

end
endmodule
```

마지막으로 top 모듈 (seg_controller.v)는 하위 모듈을 인스턴스화 하고, [그림 8-33]의
블록 다이어그램과 같이 연결하여 기술한다.

실습 8.4.3 다음 seg_controller 모듈의 하위 모듈 fsm의 연결을 완성하시오.

```
module seg_controller
        (clk, reset,
         seg,              // data to segment
         seg_sel);         // segment select
input clk;
input reset;
output [7:0] seg;
output [5:0] seg_sel;

wire [9:0] count;
wire [3:0] d;

counter U1_counter(      // 10 bit counter
        .clk(clk),
        .reset(reset),
        .count(count)); //10 bit count

fsm U0_fsm(

                FSM

);
```

```
dec_7seg U2_dec_7seg(              // 7 segment dec
                    .d(d),         // 4bit input
                    .seg(seg));    //output to the segment
endmodule
```

실습 8.4.4 다음 tb_seg_controller.v 테스트 벤치를 완성하고 Modelsim을 이용하여 회
로를 검증하시오.

```
`timescale  1ns/1ps
module tb_seg_controller();
```

┌─────────────────────────────┐
│   │
│   Declare Signals   │
│   │
└─────────────────────────────┘

```
parameter clk_period = 10;

seg_controller
       U0(.clk(clock), .reset(reset),
         .seg(o_seg),                   // data to segment
         .seg_sel(o_seg_sel));

initial begin                          // reset signal
   reset = 0;
   #13 reset = 1;
   #(clk_period) reset = 0;
end

always begin                           // clock signal generation
   clock = 0;
   forever #(clk_period/2) clock = ~clock;
end
endmodule
```

8.4.4 FPGA 구현

실습 8.4.5 Verilog HDL을 이용하여 설계하고 시뮬레이션을 통하여 검증한 세그먼트 디
스플레이 컨트롤러를 FPGA에 구현하고, [그림 8-35]와 같이 출력됨을 확인
하시오.

[그림 8-35] 세그먼트 디스플레이 컨트롤러의 동작 확인

실습 8.4.6 외부 스위치로부터 4비트 입력을 받아들여, 이 값을 첫 번째 세그먼트에 표시
하고, 다음 세그먼트에 순차적으로 1을 더한 숫자를 표시하도록 설계를 수정
하시오. 예를 들면 4비트 입력이 4b'0010이면 세그먼트 디스플레이가
234567의 숫자를 표시하게 하시오.

8.5 스톱워치 설계(Stopwatch)

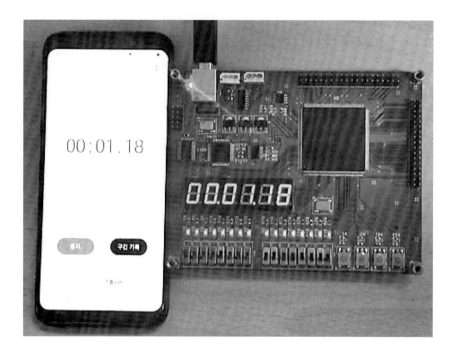

[그림 8-36] 스톱워치의 기능

[그림 8-36]과 같이 동작하는 스톱워치를 구현하자.

실습 8.5.1 스톱워치 시스템의 입출력을 결정하고, 블록 다이어그램을 그리시오. 실습 8.4에서 구현한 세그먼트 디스플레이 컨트롤러 회로를 재사용하시오.

실습 8.5.2 블록 다이어그램에 포함된 각 모듈을 Verilog HDL로 기술하고, 각 모듈의 테스트 벤치를 작성하시오.

실습 8.5.3 각 모듈의 기능을 Modelsim을 이용하여 시뮬레이션하고 검증하시오.

실습 8.5.4 스톱워치 Verilog HDL 코드를 FPGA에 구현하고, 스톱워치 동작을 확인하시오.

다음은 스톱워치의 설계 예이다. [그림 8-37]은 스톱워치 FSM의 상태도이다. 초기 상태 *T0*는 대기 상태이다. 시작(start) 버튼을 누르면 상태가 *T1*이 되어 숫자가 실제 시간에 맞춰서 올라가기 시작한다. 이후 시작 버튼을 한 번 더 누르면 카운트가 멈췄다가 다시 시작 버튼을 누르면 카운트가 올라가기 시작한다. 어느 상황이든 멈춤(stop) 버튼을 누르면 시간이 0으로 초기화되고 카운트가 멈춘다.

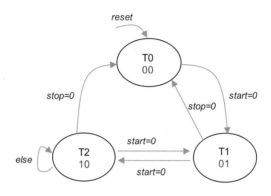

[그림 8-37] 스톱워치 FSM의 상태도

[그림 8-38]은 스톱워치의 입출력과 블록 다이어그램이다. 순차회로이므로 클럭(clock)과 리셋(reset) 신호를 포함하며, 시작(start)와 멈춤(stop)은 스톱워치의 시작과 종료를 위한 입력이다.

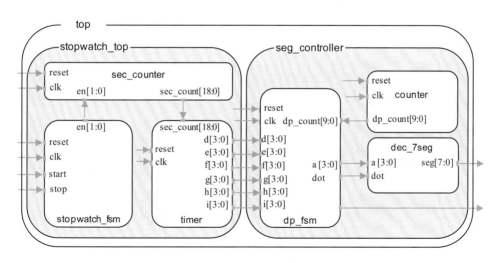

[그림 8-38] 스톱워치 순차회로의 블록 다이어그램

스톱워치(top) 회로는 시간을 측정하는 stopwatch_top 모듈과 세그먼트 디스플레이를 지원하는 seg_controller 모듈로 구성된다.

디스플레이를 위한 seg_controller 모듈은 실습 8.4의 회로를 재사용 한다. 6개의 세그먼트에서도 다른 입력을 인가하기 위하여 6개의 입력(d~i)를 추가한다.

스톱워치 기능을 구현하는 stopwatch_top 모듈은 시작(start)과 멈춤(stop)의 입력에 따라 카운터를 초기화시키거나 동작시키는 FSM 모듈 stopwatch_fsm과, 시스템 클럭 50MHz를 입력으로 시간을 세는 카운터 모듈 sec_counter를 포함한다. 시간을 변환하는 모듈 timer는 sec_counter로부터의 카운터값을 분, 초, 1/100초 단위로 변환하여 세그먼트 디스플레이 회로에 전달한다.

스톱워치의 FSM 모듈 stopwatch_fsm의 Verilog HDL 코드는 다음과 같다. 다음 상태 로직은 stop 신호가 들어오면 현재 상태와 관계없이 초기 상태로 돌아간다. 초기 상태에서 start 신호를 받으면 state가 $T1$로 이동하여 en 신호가 01이 되고, 이 신호는 sec_counter로 입력되어 카운터가 동작한다. 이 상태에서 다시 start 신호가 입력되면 $T2$ 상태로 이동하며 카운터를 멈춘다.

```verilog
module stopwatch_fsm(
                clk,
                reset_n,
                start,
                stop,
                en
                );
input           clk;
input           reset_n;
input           start;
input           stop;
output reg  [1:0]  en;

reg    [1:0]    state;
reg    [1:0]    nextstate;
```

```verilog
parameter T0 = 2'b00;    //base
parameter T1 = 2'b01;    //countup
parameter T2 = 2'b10;    //stop

//state register
always@(posedge clk or negedge reset_n) begin
    if(~reset_n)    state <= T0;
    else            state <= nextstate;
end

//next state logic
always@(state or start or stop) begin
    if(~stop)
        nextstate = T0;
    else begin
        case(state)
            T0 :    if (start==0)   nextstate = T1;
                    else            nextstate = T0;
            T1 :    if (start==0)   nextstate = T2;
                    else            nextstate = T1;
            T2 :    if (start==0)   nextstate = T1;
                    else            nextstate = T2;
            default :               nextstate = T0;
        endcase
    end
end

// output logic
always@(state) begin
    case(state)
        T1 :        en = T1;
        T2 :        en = T2;
        default : en = T0;
    endcase
end

endmodule
```

시간 변환 모듈 timer는 sec_count값에 따라 0.01초, 0.1초, 1초, 10초, 1분, 10분 단위의 시간으로 변환한다. 시스템 클럭이 50MHz이므로 카운트가 50만 번째가 되면 0.01초가 된다. 그리고 자릿수가 10이 될 때마다 해당 자릿수를 0으로 초기화하고 다음 자릿수에 1을 더한다. 10초 단위의 경우 60초에서 1분이 되므로 7이 될 때 다음 자릿수에 1을 더한다.

```verilog
module timer(
        clk,
        reset_n,
        sec_count,
        stop,
        d,
        e,
        f,
        g,
        h,
        i
        );
input           clk;
input           reset_n;
input    [18:0] sec_count;
input           stop;

output reg [3:0] d;
output reg [3:0] e;
output reg [3:0] f;
output reg [3:0] g;
output reg [3:0] h;
output reg [3:0] i;

always@(posedge clk or negedge reset_n) begin
    if (~reset_n)                   d <= 4'd0;
    else begin
        if ((d==4'b1010)||~stop)    d <= 4'd0;
    else begin
```

```verilog
            if(sec_count==19'd499_999)  d <= d+4'd1;
            else;
            end
        end
    end

    always@(posedge clk or negedge reset_n) begin
        if (~reset_n)                   e <= 4'd0;
        else begin
            if ((e==4'b1010)||~stop)    e <= 4'd0;
        else begin
            if (d==4'b1010)             e <= e+4'd1;
            else;
            end
        end
    end

    always@(posedge clk or negedge reset_n) begin
        if (~reset_n)                   f <= 4'd0;
        else begin
            if ((f==4 ' b1010)||~stop)   f <= 4'd0;
        else begin
            if (e==4 ' b1010)            f <= f+4'd1;
            else;
            end
        end
    end

    always@(posedge clk or negedge reset_n) begin
        if (~reset_n)                   g <= 4'd0;
        else begin
            if ((g==4'b0110)||~stop)    g <= 4'd0;
        else begin
            if (f==4'b1010)             g <= g+4'd1;
            else;
            end
        end
```

```
    end

    always@(posedge clk or negedge reset_n) begin
        if (~reset_n)                     h <= 4'd0;
        else begin
            if ((h==4'b1010)||~stop)      h <= 4'd0;
        else begin
            if (g==4'b0110)               h <= h+4'd1;
            else;
            end
        end
    end

    always@(posedge clk or negedge reset_n) begin
        if (~reset_n)                     i <= 5'd0;
        else begin
            if ((i==4'b0110)||~stop)      i <= 4'd0;
        else begin
            if (h==4'b1010)               i <= i+4'd1;
            else;
            end
        end
    end

endmodule
```

스톱워치 기능을 구현하는 stopwatch_top 모듈은 sec_counter, stopwatch_fsm, timer의 세 개 모듈을 포함하여 다음과 같이 기술된다.

```
module stopwatch_top(
                clk,
                reset_n,
                start,
```

```
                        stop,
                        d,
                        e,
                        f,
                        g,
                        h,
                        i
                        );

input           clk;
input           reset_n;
input           start;
input           stop;

output  [3:0]   d;
output  [3:0]   e;
output  [3:0]   f;
output  [3:0]   g;
output  [3:0]   h;
output  [3:0]   i;

wire    [18:0]  sec_count;
wire    [1:0]   en;

sec_counter sec_counter(
                        .clk        ( clk          ),
                        .reset_n    ( reset_n      ),
                        .en         ( en           ),
                        .sec_count  ( sec_count    )
                        );

stopwatch_fsm stopwatch_fsm(
                        .clk        ( clk          ),
                        .reset_n    ( reset_n      ),
                        .start      ( start        ),
                        .stop       ( stop         ),
                        .en         ( en           )
```

```
                                    );

timer                   timer(
                        .clk            ( clk               ),
                        .reset_n        ( reset_n           ),
                        .sec_count      ( sec_count         ),
                        .stop           ( stop              ),
                        .d              ( d                 ),
                        .e              ( e                 ),
                        .f              ( f                 ),
                        .g              ( g                 ),
                        .h              ( h                 ),
                        .i              ( i                 )
                        );

endmodule
```

[그림 8-39]는 스톱워치 회로를 FPGA에 구현한 결과이다. 시작 입력 후 3초 59일 때의 사진이다.

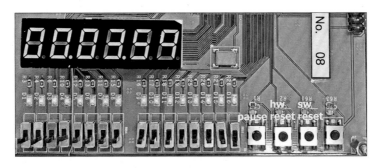

[그림 8-39] FPGA에 구현된 스톱워치의 동작

8.6 ALU 설계(Arithmetic Logic Unit)

ALU는 산술 논리 장치(Arithmetic logic unit)로 두 개의 입력을 받아 산술 연산과 논리 연산을 수행하는 조합회로이다. [그림 8-40]은 ALU의 블록 다이어그램이다.

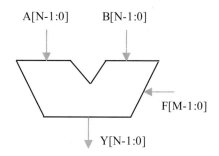

[그림 8-40] N비트 ALU 블록 다이어그램

F[3:0]	Y[7:0]
0000	A AND B
0001	A OR B
0010	A + B
0011	A − B
0100	A << B
0101	A >> B
0110	A >>> B
0111	A XOR B
1000	A = B (if A=B, Y is TRUE)
1001	A >= B (if A>=B, Y is TRUE)
1010	A < B (if A<B, Y is TRUE)
1011	A + B*2
1100	A + 4'h4
1101	A − 4'h4
1110	If A>B Y= A else Y=0
1111	If A<B Y=A else Y=0

[그림 8-41] 8비트 ALU의 연산 예

ALU는 2개의 입력(A, B) 값을 연산의 종류를 선택하는 입력 F에 따라 미리 정해진 연산을 수행한다. 이번 실습에서는 16가지의 연산과 2개의 8-bit 입력을 갖는 8-bit ALU를 설계한다. 연산이 16가지이므로 입력 F는 4비트를 이용하여 인코딩할 수 있다. 연산 결과는 세그먼트 디스플레이를 이용하여 출력한다. ALU가 지원하는 연산은 [그림 8-41]과 같다.

다음 코드는 8비트 ALU의 Verilog HDL 코드이다. 두 개의 8비트 입력 sw_a[7:0]와 sw_b[7:0]을 포함한다. 또한, 연산의 종류를 결정하는 4비트 입력 btn[3:0]을 추가한다. [그림 8-41]의 연산을 수행하고 연산의 결괏값은 out_alu로 출력된다.

ALU가 A+B에 대한 연산을 할 때, out_alu 출력에서 오버플로우가 발생할 경우와 A-B에 대한 연산에서 A가 B보다 작아 계산할 수 없을 때, 오류에 해당하는 값(8'hEE)을 출력하도록 설계한다.

실습 8.6.1 다음 8-bit ALU의 Verilog HDL 코드를 완성하시오.

```verilog
module alu_8bit (
            sw_a,
            sw_b,
            btn,
            out_alu
            );

input [7:0] sw_a ;      // input_A
input [7:0] sw_b ;      // input_B
input [3:0] btn ;       // in_function

output reg [7:0] out_alu ;  // output_Y

always @ (btn or sw_a or sw_b) begin
    case(~btn)
        4'b0000 :    // A and B
```

```verilog
        out_alu = sw_a & sw_b;
4'b0001 :    // A or B
        out_alu = sw_a | sw_b;
4'b0010 :    // A + B
    if(sw_a[7] & sw_b[7] == 1)
        out_alu = 8'hEE;    // error_message
    else if(sw_a + sw_b >= 9'b1_0000_0000)
        out_alu = 8'hEE;    // error_message
    else
        out_alu = sw_a + sw_b;
4'b0011 :    // A - B
    if(sw_a > sw_b)
        out_alu = sw_a - sw_b;
    else
        out_alu = 8'hEE;    // error_message
4'b0100 :    // A << B
    out_alu = sw_a << sw_b;
4'b0101 :    // A >> B
    out_alu = sw_a >> sw_b;
4'b0110 :    // A >>> B
```

```
┌─────────────────────────────┐
│           Fix Me            │
└─────────────────────────────┘
```

```verilog
4'b0111 :    // A xor B
    out_alu = sw_a ^ sw_b;
4'b1000 :    // A = B (if A = B output is TRUE)
    if(sw_a == sw_b) out_alu = 8'h01;
        else out_alu = 8'h00;
4'b1001 :    // A >= B (if A >= B output is TRUE)
    if(sw_a >= sw_b) out_alu = 8'h01;
    else out_alu = 8'h00;
4'b1010 :    // A < B (if A < B output is TRUE)
    if(sw_a < sw_b) out_alu = 8'h01;
    else out_alu = 8'h00;
4'b1011 :    // A + B*2
    out_alu = sw_a + sw_b << 2;
4'b1100 :    // A + 4'h4
```

```
            out_alu = sw_a + 4'h4;
    4'b1101 :   // A - 4'h4
        out_alu = sw_a - 4'h4;
    4'b1110 :   // If A > B output is A, else output is 0
```
```
                    Fix Me
```
```
    4'b1111:    // If A < B output is A, else output is 0
        if(sw_a < sw_b) out_alu = sw_a;
        else out_alu = 8'h00;
    default: out_alu = 8'h00;
    endcase
end
endmodule
```

실습 8.6.2 8비트 ALU의 기능을 검증할 수 있는 Self-Checking 테스트 벤치를 작성하시오. Modelsim을 이용하여 Verilog HDL 코드의 기능을 검증하시오.

두 쌍의 8비트 스위치로부터 A, B를 입력받고, 4개의 푸시 스위치로부터 F를 입력받아 ALU의 연산 결과를 [그림 8-42]와 같이 표시하는 ALU 회로를 설계하자.

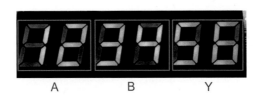

[그림 8-42] 세그먼트 디스플레이를 이용한 ALU 입력 및 연산 결과 출력

실습 8.6.3 ALU 회로의 입출력을 결정하고, 블록 다이어그램을 그리시오. 실습 8.4에서 구현한 세그먼트 디스플레이 컨트롤러 회로를 재사용하시오.

실습 8.6.4 블록 다이어그램에 포함된 각 모듈을 Verilog HDL로 기술하고, 각 모듈의 테스트 벤치를 작성하시오. 각 모듈의 기능을 Modelsim을 이용하여 시뮬레이션하고 검증하시오.

실습 8.6.5 ALU 회로를 FPGA에 구현하고 동작을 확인하시오.

8.7 UART 설계(Universal Asynchronous Receiver and Transmitter)

UART(Universal Asynchronous Receiver and Transmitter)는 비동기 통신 중 하나인 RS-232C 프로토콜을 지원하는 통신 방법이다. RS-232C 프로토콜은 Full Duplex 방식이며 송신과 수신이 동시에 이루어질 수 있다. [그림 8-43]과 같이 데이터를 송신하기 위한 신호선(TX)과 수신하기 위한 신호선(RX)이 구분되어 있으며 신호의 전압 레벨 기준을 위한 접지선(GND)이 있다. 동기 통신에서 흐름 제어(Flow Control)를 하는 경우 총 9개의 라인을 전부 사용하지만, 비동기로 데이터를 송신/수신만 하는 경우에는 3개 선만 이용하여 통신한다. [그림 8-44]는 UART 통신의 데이터 규격을 나타낸다.

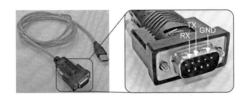

[그림 8-43] UART 통신을 위한 시리얼 통신 케이블

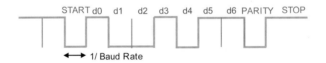

[그림 8-44] UART 데이터 통신 규격

- 시작(START) 비트: 통신의 시작을 의미하며 한 비트 시간 길이만큼 0을 유지한다. 지금부터 정해진 약속에 따라 통신을 시작한다.
- 데이터 비트: 5~8비트의 데이터 전송을 한다. 몇 비트를 사용할 것인지는 송수신기가 미리 약속한다.
- 패리티(PARITY) 비트: 오류 검증을 하기 위한 패리티값을 생성하여 송신하고 수신쪽에서 오류를 판단한다. 사용 안 함, 짝수, 홀수 패리티 등의 세 가지를 선택할 수 있으며, '사용 안 함'을 선택하면 이 비트가 제거된다.
- 끝(STOP) 비트: 통신 종료를 알린다. 세 가지의 정해진 비트 길이만큼 1을 유지해야

한다. 1, 1.5, 2비트 중 선택할 수 있다.

- 보드레이트(Baud Rate) : Baud Rate는 통신에서 1초에 전송하는 심볼의 수이다.
  UART에서는 1/(Baud Rate)초에 하나씩 데이터를 통신한다.

실습 8.7에서 설계하는 UART는 8비트 데이터를 1비트의 STOP비트와 함께 전송하고, 패리티 비트는 사용하지 않는다. Baud Rate는 115,200이다.

8.7.1 UART 송신기 설계(Transmitter Design)

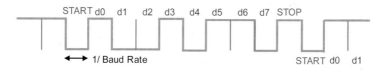

[그림 8-45] UART 송신기 통신 규격

[그림 8-45]는 실습에서 설계하는 UART Transmitter의 출력 파형이다. Baud Rate가 115,200이므로 1/115,200초마다 한 비트씩 전송한다. 데이터를 전송하지 않을 때는 1을 출력하고, 데이터 전송이 시작되면 시작 비트를 출력한다. 8개의 데이터를 전송한 후, 1비트 길이의 끝 비트를 출력한다. 끝 비트 다음에 다음 데이터의 시작 비트가 바로 전송될 수 있다.

8.7.2 송신기(Transmitter) 입출력 결정

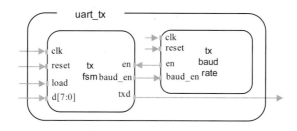

[그림 8-46] 송신기 모듈의 입출력과 블록 다이어그램

[그림 8-46]은 Transmitter 모듈의 블록 다이어그램이다. 동기 순차회로이므로 클럭
(clk)과 리셋(reset)을 기본 입력으로 한다. load 입력이 1일 때, 전송하는 8비트 데이터
d[7:0]를 입력받아 전송하기 시작한다. 송신기 모듈은 송신기의 동작을 제어하는 FSM
모듈(tx_fsm)과 baud_en 입력이 1일 동안 카운트를 시작해서 1/(Baud Rate)마다 Enable
신호(en)를 발생하는 모듈(tx_baud_rate)을 포함한다.

8.7.3 송신기(Transmitter) 상태도(State Diagram)

[그림 8-47]의 UART 송신기는 데이터를 전송하지 않을 때 1을 출력하고, 데이터 전송
을 시작하면 시작 비트, 8개의 데이터 비트, 끝 비트의 총 10개의 비트를 출력하고 초기
상태로 돌아간다. 실습 8.4에서 설계한 세그먼트 디스플레이 컨트롤러와 비슷한 동작을
가지고 있다. 세그먼트 디스플레이가 정해진 시간 동안 6개의 다른 데이터를 순차적으로
출력한 것처럼 송신기는 1/(Baud Rate)시간마다 1비트 씩 총 10개의 비트를 출력하면 된다.

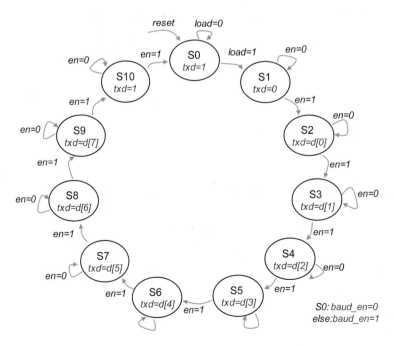

[그림 8-47] 세그먼트 디스플레이를 응용한 송신기 FSM의 상태도

8.7.4 Verilog HDL 기술

[그림 8-46]의 블록도와 같은 구조로 다음 6개의 파일을 Verilog HDL로 기술한다.

- tx_fsm.v
- tx_baud_rate.v
- uart_tx.v

- tb_tx_fsm.v
- tb_tx_baud_rate.v
- tb_uart_tx.v

실습 8.7.1 다음 송신기 FSM의 Verilog 코드를 완성하고, 테스트 벤치를 작성하시오. 시
뮬레이션을 통해 기능을 검증하시오. FPGA보드의 클럭은 50MHz이다.

```verilog
module tx_fsm
        (clk, reset,
         load,          // load data
         d,             // 8 bit data input
         en,            // enable
         baud_en,       // enable counter
         txd);          // segment select
input clk;
input reset;
input load;
input [7:0] d;
input en;           // enable from baud rate ctrl
output reg baud_en; // enable baud count
output reg txd;

reg [3:0] state, next_state;

parameter S0=4'b000;
parameter S1=4'b001;
parameter S2=4'b010;
parameter S3=4'b011;
parameter S4=4'b100;
```

```
parameter S5=4'b101;
parameter S6=4'b110;
parameter S7=4'b111;
parameter S8=4'b1000;
parameter S9=4'b1001;
parameter S10=4'b1010;

// status register
always @ (posedge clk or posedge reset)
begin
    if (reset) state <= S0;
    else state <= next_state;
end

// next state logic
always @ (state or load or en) begin




               Next State Logic




end

// output logic
always @(state) begin




               Output Logic




end
endmodule
```

클럭을 카운트해서 1/(Baud Rate)시간마다 Enable 신호(en)를 출력하는 모듈은 실습 8.4에서 설계한 카운터를 응용하여 기술할 수 있다.

실습 8.7.2 다음 송신기의 Baud Rate 신호를 생성하는 Verilog 코드를 완성하고, 테스트 벤치를 작성하시오. 시뮬레이션을 통해 기능을 검증하시오.

```verilog
module tx_baud_rate(            // 10 bit counter
                clk,
                reset,
                baud_en,    // enable tx_baud_rate counter
                en); // 1 at every 1/Baud Rate

parameter N=10;
input clk;
input reset;
input baud_en;
output en;

reg [N-1:0] count;

// output logic
```

```
┌─────────────────────┐
│      Fix Me          │
└─────────────────────┘
```

```verilog
// count
always @ (posedge clk or posedge reset)  begin
    if (reset) begin
        count <= 0;
    end
    else begin
        if(baud_en) begin
```

```
        ┌─────────────────────┐
        │      Fix Me          │
        └─────────────────────┘
```

```verilog
        end
        else begin
```

```
        ┌─────────────────────┐
        │      Fix Me          │
        └─────────────────────┘
```

```verilog
        end
```

```
      end
  end
  endmodule
```

실습 8.7.3 FSM과 카운터를 포함하는 송신기 모듈을 Verilog로 기술하시오.

8.7.5 FPGA 구현

실습 8.7.4 설계한 송신기 모듈을 FPGA에 구현하시오. 8개의 스위치를 8비트 데이터 d[7:0]의 입력으로, 1개의 푸시 스위치를 load 입력으로 사용하시오. PC 와 FPGA 보드를 직렬 통신 케이블로 연결하고, 전송한 데이터를 PC에서 확인하여 송신기 회로를 검증하시오.

실제 데이터 전송을 테스트하기 전에 UART 케이블을 연결하고 PC의 터미널 프로그램의 연결 설정을 확인한다. 터미널 프로그램은 윈도우의 기능 또는 연결 가능한 어떤 프로그램을 사용하여도 된다.

검증을 위한 환경이 설정된 후 스위치를 이용하여 데이터를 설정하고 전송 시작 신호를 입력할 수 있다. 개발 보드에 따라 버튼이 Push된 상태에서 'High'를 인가하는지, 'Low'를 인가하는지 회로도 또는 User Manual을 통하여 확인한다.

시뮬레이션에서는 20ns 동안 'High'의 신호를 인가하여 하나의 바이트가 송신됨을 테스트하였다. 프로세서 또는 다른 Verilog 모듈에서 송신기 모듈을 제어하는 경우 쉽게 20ns 동안 신호를 인가할 수 있지만 물리적인 버튼을 조작하여 20ns 동안만 load 신호를 인가할 수 없으므로 한 clock 동안 입력을 유지할 수 있는 추가적인 회로 설계가 필요하다.

ASCII 코드에 맞는 적절한 데이터를 설정한 후 한 바이트씩 출력하면 [그림 8-48]과 같은 결과를 터미널 프로그램에 출력할 수 있다.

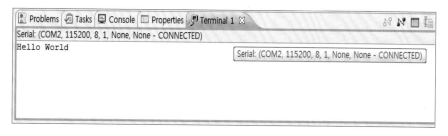

[그림 8-48] UART 송신기 동작 결과

8.7.6 UART 수신기 설계(Receiver Design)

UART는 비동기 통신 방법이므로 데이터 전송이 시작되는 시점을 정확하게 예측할 수 없다. 따라서 [그림 8-49]와 같이 수신기는 수신된 신호(rxd)를 1/(Baud Rate)보다 빠른 주기로 샘플링하여 시작 비트가 수신되었는지 감지하는 기능을 포함해야 한다. 그림에 주황색으로 표시한 것처럼 보통 8배 또는 16배 빠르게 샘플링하여 시작 비트를 감지하고, 그다음부터는 빨간색으로 표시된 것처럼 1/(Baud Rate)마다 데이터를 수신한다.

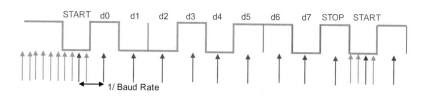

[그림 8-49] UART 수신기 통신 규격

수신기는 송신기와 같은 방법으로 설계할 수 있다. 순서대로 한 비트씩 내보내는 방식의 송신기와 반대로 입력된 비트를 차례로 LSB부터 저장하는 방법으로 구현한다. [그림 8-50]은 수신기의 FSM 상태도이다.

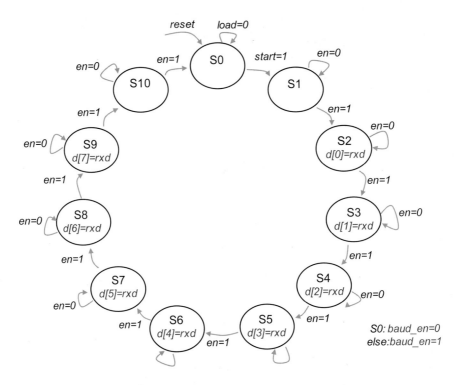

[그림 8-50] 송신기를 응용한 수신기 FSM의 상태도

실습 8.7.5 수신기 모듈의 입출력을 결정하고, 하위 모듈을 포함한 수신기의 블록 다이어 그램을 그리시오.

실습 8.7.6 수신기 모듈을 Verilog HDL로 기술하고, 각 모듈의 테스트 벤치를 작성하시 오. 시뮬레이션을 통해 수신기 기능을 검증하시오.

실습 8.7.7 수신기 모듈을 FPGA에 구현하고, PC로부터 수신된 데이터를 [그림 8-51]과 같이 LED로 검증하시오.

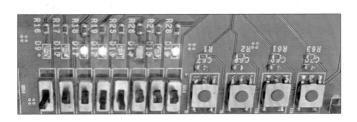

[그림 8-51] UART 수신기 동작 결과

8.7.7 UART의 전압 레벨

사용 중인 FPGA 보드는 신호 leveling에서 LVTTL을 사용하므로 High Level은 3.3V, Low Level은 0V이다. 그러나 PC는 EIA에서 규정한 RS-232C 규격을 사용하므로 Mark(High Level)은 -3~-12V, Space(Low Level)은 +3~+12V이다.

두 장치 간의 프로토콜은 같지만 전압 레벨 및 위상이 다르기 때문에 이를 맞춰 주어야 한다. 3.3V TTL 신호를 EIA RS-232C 전압 레벨로 변환하는 칩으로는 MAXIM사에서 만든 MAX3232를 사용할 수 있다. 별도의 알고리즘적인 신호 처리가 이루어지지 않고 전압 레벨을 변환하는 버퍼만 내장하고 있다.

따라서 해당 칩을 사용하여 전압 신호를 맞추기 위한 회로가 보드에 포함되어 있으며 [그림 8-52]와 같은 연결회로를 구성하고 있다. 따라서 전압 레벨을 신경 쓰지 않아도 RS-232C 데이터 전송 스트림만 일치한다면 PC와 통신할 수 있다.

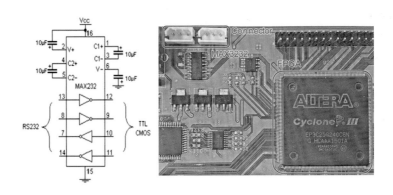

[그림 8-52] UART 전압 Leveling

8.8 시프트 레지스터(Shift Register)를 이용한 UART 설계

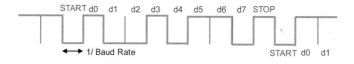

[그림 8-53] UART 송신기 통신 규격

[그림 8-53]은 실습에서 설계하는 UART Transmitter의 출력 파형이다. Baud Rate가 115,200이므로 1/115,200초마다 한 비트씩 전송한다.

실습 8.7에서는 이해를 돕기 위하여 UART 송수신기 설계를 실습 8.4에서 구현한 세그먼트 디스플레이 컨트롤러 회로를 응용하여 설명하였다. 일반적으로 통신회로를 설계할 때는 5.7절에서 배운 시프트 레지스터 (Shift Register)를 사용한다.

8.8.1 Shift Register를 이용한 송신기 설계

[그림 8-54]는 시프트 레지스터를 포함하는 UART 송신기의 블록 다이어그램이다.

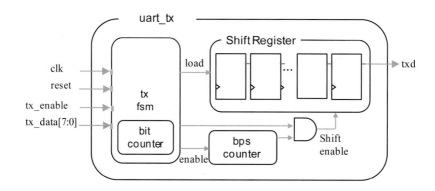

[그림 8-54] 시프트 레지스터를 포함하는 송신기 블록 다이어그램

[그림 8-55]는 송신기 FSM의 상태도이다. 리셋 후 초기 IDLE 상태는 데이터 전송을 기다리는 상태이다. 전송 시작(tx_enable) 입력이 인가되면 LOAD_TX 상태로 이동하며, 8

비트 입력 데이터를 시프트 레지스터에 저장한다. SEND_TX 상태는 bps(bit per second) 카운터값에 따라 데이터를 차례로 시프트하면서 외부 출력 포트인 txd로 전송한다. 전송이 완료된 경우 Transmit Complete 신호를 띄우거나 전송 실패한 경우 Transmit Error 와 같은 신호를 띄울 수 있으며, 이 부분은 전송에 필수적인 요소가 아니므로 생략할 수 있다. 마지막 끝 비트까지 10비트를 보내면 IDLE 상태로 이동한다.

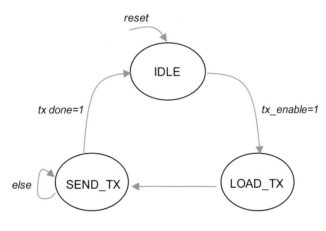

[그림 8-55] 송신기 상태도

Baud rate를 맞추기 위한 bps 카운터는 데이터 송신 상태인 SEND_TX 상태일 때만 구동해야 하며 이외 상태에서는 0으로 초기화되어 있어야 한다. 카운터가 항상 가동하고 있는 경우 임의의 시간에 tx_enable 신호가 입력되면 데이터 bps가 잘못 설정될 위험이 있으며 불필요하게 카운터가 구동하는 것은 전력 소비 측면에서도 바람직하지 않다.

8.8.2 송신기 Verilog HDL 기술

송신부 FSM의 Verilog HDL의 상태 레지스터와 다음 상태 로직은 다음과 같이 기술할 수 있다.

```
//state register update
always @ (posedge clk or posedge reset)
begin
    if (reset) state <= IDLE;
    else state <= next_state;
end

//next state decision
always @ (state or tx_enable or tx_done) begin
    case(state)
    IDLE :
        if (tx_enable)
            next_state = LOAD_TX;
        else
            next_state = IDLE;
    LOAD_TX : next_state = SEND_TX;
    SENT_TX :
        if (tx_done)
            next_state = IDLE;
        else
            next_state = SEND_TX;

    default : next_state = IDLE;
    endcase
end
```

시프트 레지스터는 State Machine이 LOAD_TX 상태에 있을 때 전송해야 하는 데이터를 저장함(load)으로써 전송하고자 하는 데이터를 준비한다. 8비트 비동기 통신을 하는 경우 8비트의 데이터 입력이 있으나 실제 txd 포트를 통하여 송신되어야 하는 신호는 시작 비트 및 끝 비트를 포함하고 있으므로 이를 함께 저장한다.

또한, FSM이 SEND_TX 상태인 경우 bps counter가 Baud rate를 맞추기 위해 지정된 값까지 도달한 경우 다음 데이터를 송신하여야 하므로 1비트씩 시프트(shift) 하도록 설계한다. 시프트 레지스터의 Verilog HDL 코드는 다음과 같다. 현재 저장된 [9:0]의 10

비트값 중 상위 9비트만 이동하고 최상위 비트를 'High'로 채우는 동작을 수행한다. 따라서 시프트 레지스터의 최상위 비트 입력이 'High'로 고정되도록 할 수 있다.

```verilog
always @ (posedge clk) begin
    case(state)
    IDLE : tx_data_reg <= 10'b11_1111_1111;
    LOAD_TX : tx_data_reg <= {1'b1, tx_data, 1'b0};
    SEND_TX :
        if (cnt_bps == (sys_clk / tx_bps) - 1'b1)
        //because of the counter is start from 0 ...
            tx_data_reg <= {1'b1, tx_data_reg[9:1]};
        else
            tx_data_reg <= tx_data_reg;
    default : tx_data_reg <= 10'b11_1111_1111;
    endcase
end
```

8비트의 데이터를 전송하고자 하는 경우 시작 비트와 끝 비트를 포함하여 총 10비트의 데이터를 송신한다. IDLE 상태인 경우 비트 카운터는 0으로 설정되며 실제 데이터 전송이 시작된 후부터 Shift가 될 때마다 카운트를 수행하여 현재 몇 비트의 데이터가 전송되었는지 기억하기 위하여 사용한다. 총 10비트의 데이터를 전부 송신한 경우 다음 상태 로직은 이를 확인하여 전송을 종료하고 IDLE 상태로 다시 돌아간다. 비트 카운터의 Verilog HDL은 다음과 같다.

```verilog
always @ (posedge clk) begin
    if (state == IDLE)
        cnt_bit <= 0;
    else if (cnt_bps == (sys_clk / tx_bps) - 1'b1)
        //because of the counter is start from 0 . . .
        cnt_bit <= cnt_bit + 1'b1;
    else
        cnt_bit <= cnt_bit;
end
```

UART는 시작(start) 비트를 전송한 다음 최하위 데이터 비트인 LSB부터 전송이 시작된다. 이를 고려하여 Shift 레지스터에서 데이터를 로드할 때 최상위 비트를 끝(stop) 비트, 최하위 비트를 시작 비트로 설정하며 txd 출력은 Shift 레지스터의 최하위 비트 출력을 사용한다. 따라서 다음과 같이 assign문으로 wire를 할당하여 출력을 결정한다.

```
//tx pin and tx data register
assign txd = tx_data_reg[0];
```

8.8.3 Shift Register를 이용한 수신기 설계

UART는 비동기 통신 방식이므로 데이터 전송이 시작되는 시점을 정확하게 예측할 수 없다. 따라서 [그림 8-56]과 같이 수신기는 수신된 신호를 1/(Baud Rate)보다 빠른 주기로 샘플링하여 시작 비트가 수신되었는지 감지하는 기능을 포함해야 한다. 그림에 주황색으로 표시한 것처럼 보통 8배 또는 16배 빠르게 샘플링하여 시작 비트를 감지하고, 그다음부터는 빨간색으로 표시된 것처럼 1/(Baud Rate)마다 데이터를 수신한다.

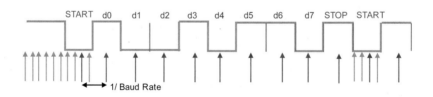

[그림 8-56] UART 수신기 통신 규격

[그림 8-57]은 시프트 레지스터를 포함하는 UART 수신기의 블록 다이어그램이다. 입력 rxd를 통해 유효한 데이터가 수신되면 수신 완료(rx_complete) 신호와 수신된 데이터 (rx_data)를 출력한다.

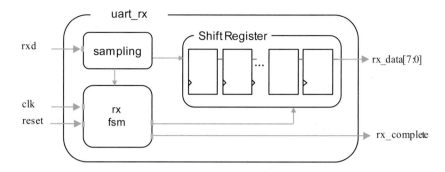

[그림 8-57] 수신기 입출력과 블록 다이어그램

[그림 8-58]은 수신기 FSM의 상태도이다. 동작은 다음과 같다.

(1) rxd 핀이 0으로 떨어진 시점이 관측되면 데이터 전송의 시작임을 알 수 있으며 시작 비트의 중간 지점까지 대기한다.

(2) 시작(START) 비트의 중간 지점에서 시작 비트가 정상적으로 0인지 확인하여 최종적으로 데이터 전송이 완전히 시작됨을 확인한다.

(3) 데이터 전송이 시작된 경우 데이터 비트 [0]가 수신되는 시점의 중간 지점에서 1 비트 데이터를 저장한다.

(4) ~ (10) 데이터 샘플링의 중간 지점에서 각각의 데이터 비트를 수신한다.

(11) 끝(STOP) 비트가 정상적으로 High를 나타내는지 확인한다. 이후 데이터 수신 상태를 종료하고 다음 데이터 수신을 준비한다.

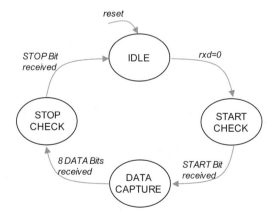

[그림 8-58] 수신기 FSM의 상태도

8.8.4 수신기 Verilog HDL 기술

비동기 데이터를 수신하는 하드웨어는 데이터가 수신되는 시작 지점을 감지하여 각 데이터 비트의 중간 지점에서 데이터를 캡처하여 저장함으로써 데이터 수신을 완료할 수 있다. 그러나 하나의 통신선로를 사용하는 비동기 통신에서 신호선의 무결성을 보장할 수 없으므로 데이터 전송 중 노이즈가 발생할 가능성이 있다. 이를 보완하기 위하여 데이터 비트의 중간 지점 3부분에서 데이터를 샘플링하여 가장 많이 샘플링된 데이터값 2개를 저장하여 통신선로에서 발생할 수 있는 노이즈 문제를 완화할 수 있다.

이와 같은 State Machine을 설계하기 위하여 다음과 같이 State를 정의할 수 있다. State는 총 4비트이며 다음과 같이 구성된다.

```
parameter idle              = 4'd0;
parameter start_check       = 4'd1;
parameter cnt_2_rst         = 4'd2;
parameter first_wait        = 4'd3;
parameter first_sample      = 4'd4;
parameter second_wait       = 4'd5;
parameter second_sample     = 4'd6;
parameter third_wait        = 4'd7;
parameter third_sample      = 4'd8;
parameter data_decision     = 4'd9;
parameter stop_dicision     = 4'd10;
parameter receive_complete  = 4'd11;
parameter receive_error     = 4'd12;
```

(1) idle : 데이터 수신을 하지 않고 대기하는 상태

(2) start_check : Start 비트를 감지하는 상태

(3) cnt_2_rst : 비트 샘플링을 위한 cnt_2를 0으로 재설정

(4) first_wait : 데이터 비트의 첫 번째 값을 샘플링하기 위하여 대기

(5) first_sample : 데이터 비트의 첫 번째 값 샘플링

(6) second_wait : 데이터 비트의 두 번째 값을 샘플링하기 위하여 대기

(7) second_sample: 데이터 비트의 두 번째 값 샘플링

(8) third_wait: 데이터 비트의 세 번째 값을 샘플링하기 위하여 대기

(9) third_sample: 데이터 비트의 세 번째 값 샘플링

(10) data_decision: 샘플링된 3개의 값을 기반으로 데이터 비트 결정 후 저장

(11) stop_decision: Stop 비트를 감지하는 상태

(12) receive_complete: 에러 없이 전송이 완료됨을 출력

(13) receive_error: 데이터 전송 중 에러 발생 출력

데이터 수신은 시스템이 리셋되는 경우 강제로 데이터 수신이 종료되도록 설정할 수 있으며 다음과 같이 FSM을 구현할 수 있다. State는 시스템 clock인 50MHz마다 업데이트되며 다음 상태는 시스템의 입력, State Machine의 현재 상태, 내부 카운터를 입력으로 사용하는 조합회로에 의해 결정된다.

```
//state register
always @ (posedge clk or posedge reset) begin
    if (reset)
        state <= idle;
    else
        state <= next_state;
end
```

신호 cnt_1은 전송되는 신호의 속도보다 16배 빠른 샘플링을 하기 위한 카운터이며 rxd 신호를 모니터링하기 위하여 항상 구동된다. 샘플링을 하였을 때 rxd 신호가 0으로 감지되면 데이터의 전송이 시작된 것이므로 시작 비트를 체크하기 위한 상태로 이동한다. 이때 rxd 신호의 중간까지 총 8번의 샘플링을 진행하며 한 번이라도 Noise가 발생한 경우 State를 다시 idle 상태로 되돌려 새로운 신호 전송을 기다린다. 8번의 샘플링 모두 정상적인 시작 비트가 감지되면 cnt_2_rst 상태로 이동하며 현재까지 8번 샘플링하며 저장했던 cnt_2의 값을 초기화한다.

```
always @ (state or cnt_1 or rxd or cnt_2 or cnt_3) begin
    case(state)
    idle :
        if ((cnt_1 == (sys_freq/(bps*division)) - 1'b1) && (rxd == 1'b0))
            next_state = start_check;
        else
            next_state = idle;
    start_check :
        if ((cnt_1 == (sys_freq/(bps*division)) - 1'b1) && (rxd == 1'b1))
            next_state = idle;
        else if ((cnt_1 == (sys_freq/(bps*division)) - 1'b1) && (rxd == 1'b0))
            next_state = state;
        else if (cnt_2 == 5'd8)
            next_state = cnt_2_rst;
        else
            next_state = start_check ;
```

데이터 전송이 정상적으로 시작되었으므로 첫 번째 데이터 비트의 샘플링을 3번 진행한다. 첫 번째 샘플링 데이터를 저장하기 위하여 first_wait 상태에서 대기하며 first_sample 상태로 이동하여 데이터를 샘플링한다. 다시 2번째와 3번째 데이터를 샘플링한다.

```
    cnt_2_rst :
        next_state = first_wait;
    first_wait :
        if ((cnt_1 == (sys_freq/(bps*division)) - 1'b1))
            next_state = state;
        else if (cnt_2 == 5'd14)
            next_state = first_sample;
        else
            next_state = first_wait;
    first_sample :
        next_state = second_wait;
    second_wait :
```

```
        if ((cnt_1 == (sys_freq/(bps*division)) - 1'b1))
            next_state = state;
        else if (cnt_2 == 5'd15)
            next_state = second_sample;
        else
            next_state = second_wait;
    second_sample :
        next_state = third_wait;
```

데이터 비트의 3부분에서 샘플링을 모두 진행한 후 data_decision 상태로 이동하여 현재 샘플링한 3개의 값 중 가장 많이 샘플링된 값으로 데이터를 저장한다. 8개의 데이터가 전부 저장되고 끝 비트가 샘플링될 때까지 상태를 반복하며, 현재까지 샘플링된 데이터의 개수를 cnt_3에 저장한다.

끝 비트는 데이터가 아니므로 저장할 필요가 없고, 끝 비트까지 샘플링된 다음 stop_decision 상태에서 1로 감지가 되었는지 판단하는 용도로만 사용한다. 끝 비트가 정상적으로 1이 수신된 경우 receive_complete 상태로 이동하여 데이터 수신이 완료되었음을 출력하고 잘못 수신된 경우 receive_error 상태로 이동하여 데이터 수신 오류를 나타낸다.

```
    third_wait :
        if (cnt_1 == (sys_freq/(bps*division)) - 1'b1)
            next_state = state;
        else if (cnt_2 == 5'd16)
            next_state = third_sample;
        else
            next_state = third_wait ;
    third_sample :
        if (cnt_3 == 4'd8)        //include 8 data and 0 parity
            next_state = stop_dicision;
        else
            next_state = data_decision;
    data_decision :
        next_state = cnt_2_rst;
```

```
        stop_dicision :
            if (catch_bit == 1'b1)
                next_state = receive_complete;
            else
                next_state = receive_error;
        receive_complete :
            next_state = idle;
        receive_error :
            next_state = idle;
        default : next_state = state;
        endcase
    end
```

uart_rx 모듈은 데이터를 샘플링하거나 데이터를 캡처할 때까지 대기해야 하는 동작을 구현해야 하므로 uart_tx 모듈보다 많은 수의 카운터가 사용된다. 다음 counter 1은 Baud Rate보다 16배 빠른 속도로 데이터를 샘플링하기 위한 카운터이다. 데이터가 언제 수신될지 알 수 없음으로 클럭이 들어오는 경우 항상 동작하며 uart_tx 모듈의 카운터보다 16배 빨리 최댓값에 도달하여 0으로 초기화된다.

```
//counter 1
always @ (posedge clk) begin
    if ((cnt_1 == (sys_freq/(bps*division)) - 1'b1))
        cnt_1 <= 0;
    else
        cnt_1 <= cnt_1 + 1'b1;
end
```

다음의 counter 2는 데이터를 몇 개나 샘플링하였는지 확인하기 위한 용도로 사용한다. start_check에서는 'Low'가 유효한 값이므로 유효한 값이 들어왔을 때만 카운트를 진행한다. 또한, 데이터를 체크하는 동작에서는 'High' 또는 'Low'의 데이터가 수신될 수 있으므로 데이터값에 상관없이 카운트를 진행하여 몇 개의 데이터가 샘플링 중인지 알 수 있도록 한다.

```verilog
//counter 2
always @ (posedge clk) begin
    case(state)
    idle :
        if ((cnt_1 == (sys_freq/(bps*division)) - 1'b1) && (rxd == 1'b0))
            cnt_2 <= cnt_2 + 1'b1;
        else
            cnt_2 <= cnt_2;
    start_check :
        if ((cnt_1 == (sys_freq/(bps*division)) - 1'b1) && (rxd == 1'b0))
            cnt_2 <= cnt_2 + 1'b1;
        else
            cnt_2 <= cnt_2;
    first_wait :
        if ((cnt_1 == (sys_freq/(bps*division)) - 1'b1))
            cnt_2 <= cnt_2 + 1'b1;
        else
            cnt_2 <= cnt_2;
    second_wait :
        if ((cnt_1 == (sys_freq/(bps*division)) - 1'b1))
            cnt_2 <= cnt_2 + 1'b1;
        else
            cnt_2 <= cnt_2;
    third_wait :
        if ((cnt_1 == (sys_freq/(bps*division)) - 1'b1))
            cnt_2 <= cnt_2 + 1'b1;
        else
            cnt_2 <= cnt_2;
    cnt_2_rst :
        cnt_2 <= 0;
    stop_dicision :
        cnt_2 <= 0;
    default : cnt_2 <= cnt_2;
```

```
    endcase
end
```

counter 3는 현재 몇 비트의 데이터를 수신하였는지 센다. 현재 수신된 데이터 비트
의 개수를 기준으로 다음에 수신되는 비트가 Stop 비트인지, Data 비트인지 판단할 수
있으며 데이터 수신이 완료되어 Stop까지 가는 경우 0으로 초기화한다.

```
//counter 3
always @ (posedge clk) begin
    if (state == data_decision)
        cnt_3 <= cnt_3 + 1'b1;
    else if (state == stop_dicision)
        cnt_3 <= 0;
    else
        cnt_3 <= cnt_3;
end
```

데이터를 샘플링하는 구간에서 rxd 핀으로부터 들어오는 값을 저장한다. 이 값은 가
장 많이 샘플링된 데이터가 어떤 값인지 판단할 때 사용된다.

```
//sampling bits
always @ (posedge clk) begin
    if (state == cnt_2_rst)
        b1 <= 1'b0;
    else if (state == idle)
        b1 <= 1'b0;
    else if (state == first_sample)
        b1 <= rxd;
    else
        b1 <= b1;
end
```

```
always @ (posedge clk) begin
    if (state == cnt_2_rst)
        b2 <= 1'b0;
    else if (state == idle)
        b2 <= 1'b0;
    else if (state == second_sample)
        b2 <= rxd;
    else
        b2 <= b2;
end

always @ (posedge clk) begin
    if (state == cnt_2_rst)
        b3 <= 1'b0;
    else if (state == idle)
        b3 <= 1'b0;
    else if (state == third_sample)
        b3 <= rxd;
    else
        b3 <= b3;
end
```

데이터 레지스터는 샘플링을 통하여 수신된 catch_bit를 저장한다. catch_bit는 3개의 샘플링 결과 중 2개 이상 'High'가 감지되면 'High'를 출력하며 이외의 경우 'Low'를 출력하여야 하므로 [그림 8-59]와 같이 설계한다.

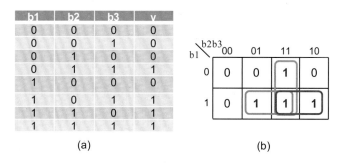

b1	b2	b3	v
0	0	0	0
0	0	1	0
0	1	0	0
0	1	1	1
1	0	0	0
1	0	1	1
1	1	0	1
1	1	1	1

(a)   (b)

[그림 8-59] Majority vote 회로의 진리표

```
assign catch_bit = b1&b2|b1&b3|b2&b3;

//data registers
always @ (posedge clk or posedge reset) begin
    if (reset)
        rx_data <= 8'b0000_0000;
    else begin
        if(state == idle)
            rx_data <= 8'd0;
        else if(state == data_decision)
            rx_data[cnt_3] <= catch_bit;
        else;
    end
end
```

8비트의 데이터가 전부 수신되고 Stop 비트가 감지되는 결과에 따라 전송 완료 또는
전송 에러 상태를 표시하는 출력 부분은 다음과 같이 설계할 수 있다.

```
//complete bits
assign rx_complete = state == receive_complete ? 1'b1 : 1'b0;
assign rx_error = state == receive_error ? 1'b1 : 1'b0;
```

8.8.5 송신기 테스트 벤치

시뮬레이션을 위한 테스트 벤치는 UART 송신기(uart_tx) 모듈에 클럭(clock)을 공급하
고, 전송하고자 하는 데이터 및 전송 시작 신호를 입력한다. 테스트 벤치는 입출력이 없
고 모듈의 입력에 인가할 신호는 reg로 선언하고 모듈의 출력을 모니터링할 신호는
wire로 선언한다.

모듈에 공급할 clock 신호를 생성하기 위하여 always 안에서 clk을 0으로 초기화하고

10ns마다 신호를 반전시킨다. 결과적으로 주기 20ns를 가지는 clk 신호를 생성한다. 20ns 주기의 clock 신호는 50MHz의 메인 clock으로 사용한다.

```verilog
`timescale 1ns/1ps
module tb_uart_tx();

reg clk, reset;
reg tx_enable;
reg [7:0] tx_data;

wire txd;
wire tx_busy;
wire tx_complete;

always begin
    clk = 1'b0;
    forever begin
    #10; clk = ~clk;
    end
end
```

테스트하고자 하는 하위 모듈의 모듈 이름을 이용하여 instance name을 붙이고 입/출력 포트를 연결한다. 모듈의 입력은 clk, tx_enable, tx_data[7:0]이며 테스트 벤치에서 결정되는 신호이다. 모듈의 출력은 txd, tx_busy, tx_complete 신호로 전송이 정상적으로 되는지 모니터링할 수 있다. 반드시 필요한 신호는 txd이며 추가적으로 구현된 tx_busy 또는 tx_complete는 전송 상태를 모니터링하기 위하여 사용한다.

```verilog
uart_tx
    uart_tx(
            .clk(clk),
            .reset(reset),
            .tx_enable(tx_enable),
```

```
            .tx_data(tx_data),
            .txd(txd),
            .tx_busy(tx_busy),
            .tx_complete(tx_complete)
            );

initial begin
    reset=1'b0;
    #13; reset=1'b1;
    #10; reset=1'b0;
    #110;
    tx_data = 8'b0000_0000;
    tx_enable = 1'b0;
    #20;
    tx_data = 8'b0101_0101;
    tx_enable = 1'b1;
    #20;
    tx_enable = 1'b0;
    //simulation end at 100us
    #100000;
    $finish;
end
endmodule
```

initial 구문은 시뮬레이션의 시작인 0ns부터 테스트 벤치에서 인가할 입력 신호의 값을 결정한다. 시뮬레이션이 시작한 후 110ns 동안 아무런 입력을 인가하지 않으며, 이때 값은 unknown이다. 이후 tx_data와 tx_enable 값을 초기화하고 20ns 이후 전송하고자 하는 데이터 및 전송 시작 신호를 인가한다. 모든 데이터가 전송되는 시간을 계산하여 run time 동안 대기한 후 $finish 명령어를 사용하여 시뮬레이션을 종료한다.

[그림 8-60]은 시뮬레이션 결과이다. 입력 tx_enable 신호가 인가되면 uart_tx 모듈에서는 tx_data를 캡처하여 저장하고 카운트를 시작한다. 이후 설정한 bps에 맞게 저장되어 있는 데이터를 Shift시키면서 txd 핀으로 출력한다.

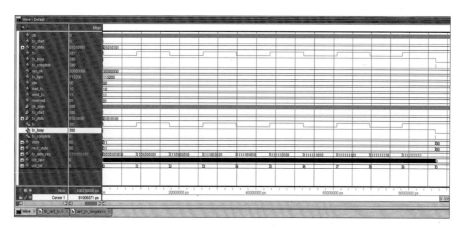

[그림 8-60] 송신기 회로 시뮬레이션 결과

8.8.6 수신기 테스트 벤치

수신기(uart_rx) 모듈을 검증하기 위하여 이미 테스트가 완료된 송신기(uart_tx) 모듈을
함께 연결하여 검증한다. 송신기 모듈의 txd 핀 출력을 수신기(uart_rx) 모듈의 rxd 핀으
로 연결한다. 시뮬레이션을 통해 TX 모듈에서 송신한 신호를 RX 모듈에서 정상적으로
수신하는 것을 확인한다. [그림 8-61]은 수신기의 시뮬레이션 결과이다.

```
`timescale 1ns/1ps
module tb_uart_rx();
reg clk, reset;
reg tx_enable;
reg [7:0] tx_data;

wire txd;
wire tx_busy;
wire tx_complete;

wire [7:0] rx_data;
wire rx_complete;
```

```verilog
wire rx_error;

always begin
    clk = 1'b0;
    forever begin
        #10; clk = ~clk;
    end
end

uart_tx
    uart_tx(
            .clk(clk),
            .reset(reset),
            .tx_enable(tx_enable),
            .tx_data(tx_data),
            .txd(txd),
            .tx_busy(tx_busy),
            .tx_complete(tx_complete)
            );

uart_rx
    uart_rx(
            .clk(clk),
            .reset(reset),
            .rxd(txd),
            .rx_data(rx_data),
            .rx_complete(rx_complete),
            .rx_error(rx_error)
            );

initial begin
    reset=1'b0;
    #13; reset=1'b1;
    #10; reset=1'b0;
    #110;
    tx_data = 8'b0000_0000;
    tx_enable = 1'b0;
```

```
        #20;
        tx_data = 8'b0101_0101;
        tx_enable = 1'b1;
        #20;
        tx_enable = 1'b0;
        //simulation end at 100us
        #100000;
        $finish;
    end

    endmodule
```

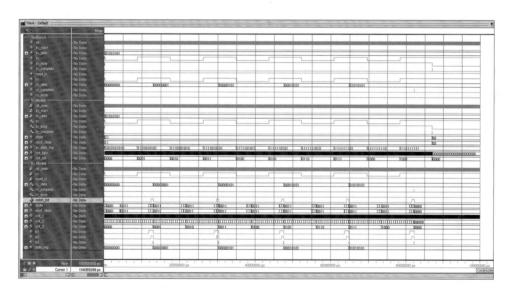

[그림 8-61] 수신기 회로 시뮬레이션 결과

실습 8.8.1 설계한 송신기 모듈을 FPGA에 구현하시오. 8개의 스위치를 8비트 데이터 tx_data[7:0]의 입력으로, 1개의 푸시 스위치를 tx_enable 입력으로 사용하시오. PC 와 FPGA 보드를 직렬 통신 케이블로 연결하고, 전송한 데이터를 PC에서 확인하여 송신기 회로를 검증하시오.

실제 데이터 전송을 테스트하기 전에 UART 케이블을 연결하고 PC의 터미널 프로그램의 연결 설정을 확인한다. 터미널 프로그램은 윈도우의 기능 또는 연결 가능한 어떤 프로그램을 사용하여도 된다.

검증을 위한 환경이 설정된 후 스위치를 이용하여 데이터를 설정하고 전송 시작 신호를 입력할 수 있다. 개발 보드에 따라 버튼이 Push된 상태에서 'High'를 인가하는지, 'Low'를 인가하는지 회로도 또는 User Manual을 통하여 확인한다.

시뮬레이션에서는 20ns 동안 'High'의 신호를 인가하여 하나의 바이트가 송신됨을 테스트하였다. 프로세서 또는 다른 Verilog 모듈에서 송신기 모듈을 제어하는 경우 쉽게 20ns 동안 신호를 인가할 수 있지만, 물리적인 버튼을 조작하여 20ns 동안만 tx_enable 신호를 인가할 수 없으므로 한 clock동안 입력을 유지할 수 있는 추가적인 회로 설계가 필요하다.

ASCII 코드에 맞는 적절한 데이터를 설정한 후 한 바이트씩 출력하면 [그림 8-62]와 같은 결과를 터미널 프로그램에 출력할 수 있다.

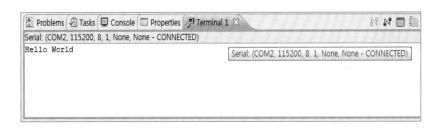

[그림 8-62] UART 송신기 동작 결과

실습 8.8.2 수신기 모듈을 FPGA에 구현하고, PC로부터 수신된 데이터를 [그림 8-63]과 같이 LED로 검증하시오.

[그림 8-63] UART 수신기 동작 결과

8.9 마이크로프로세서 설계(Microprocessor)

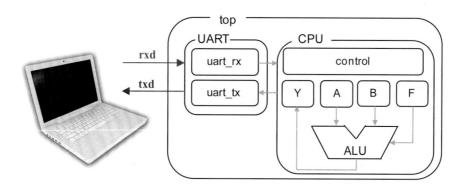

[그림 8-64] 간단한 마이크로프로세서

　　[그림 8-64]는 간단한 마이크로프로세서의 블록 다이어그램이다. 마이크로프로세서는 보통 연산을 수행하는 ALU, 데이터를 저장하는 메모리, 그리고 입출력을 위한 외부 인터페이스 회로를 포함한다. [그림 8-64]와 같은 간단한 마이크로프로세서 회로를 설계하자.

　　입출력 장치로 외부 컴퓨터를 사용한다. 컴퓨터의 키보드를 이용하여 입력한 데이터는 컴퓨터의 시리얼 TX 포트로 출력되며, 마이크로프로세서는 이 신호를 rxd 포트를 통해 수신한다. 수신된 데이터는 CPU 내부 메모리에 저장된다. ALU가 연산을 수행하기 위해서는 두 개의 입력 데이터 A, B와 연산의 종류를 선택하는 입력 F가 필요하다. 이때 입력 A와 B를 오퍼랜드(operand)라 하고, 입력 F를 오피코드(opcode)라고 한다. 오퍼랜드와 오피코드를 저장한 후, 이 값을 ALU에 입력하고 연산 결과 값 Y를 내부 레지스터에 저장한다. 마지막으로, 저장한 연산 결괏값을 마이크로프로세서의 출력 txd를 이용해 컴퓨터로 전달한다. 컴퓨터는 시리얼 RX 포트로 입력된 신호를 수신하여 연산 결과를 모니터에 출력한다.

　　8.6에서 설계한 16개의 연산을 수행하는 ALU를 재사용한다. 8.7과 8.8에서 설계한 UART 회로를 이용하여 컴퓨터와 마이크로프로세서 사이의 데이터 통신을 구현한다. UART RX 모듈로부터 입력을 받아 내부 메모리에 저장하고, ALU의 연산 결과를 UART TX를 통해 출력하는 순차회로를 설계하여 [그림 8-64]의 마이크로프로세서 회로를 완성하자.

실습 8.9.1 마이크로프로세서 회로의 입출력 신호를 결정하시오.

실습 8.9.2 [그림 8-64]의 블록 다이어그램을 각 하위 모듈의 입출력과 연결을 포함한
블록 다이어그램으로 그리시오.

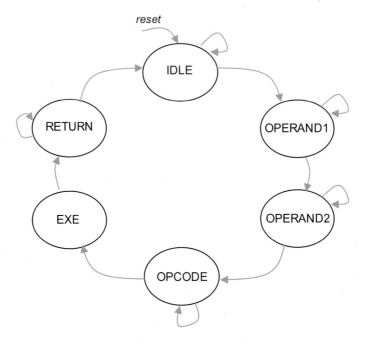

[그림 8-65] CPU 제어 FSM의 상태도 예

[그림 8-65]는 CPU의 제어부에 해당하는 FSM의 상태도 예이다. 리셋 후 입력을 기
다리는 IDLE 상태이다. OPERAND1과 OPERAND2 상태는 시리얼 통신을 이용해 오퍼
랜드 2개를 수신하여 레지스터에 저장하는 상태이다. OPCODE 상태는 연산의 종류를
선택하는 오피코드를 수신하고 레지스터에 저장하는 상태이다. EXE 상태는 ALU가 오
퍼랜드와 오피코드를 이용하여 연산을 수행하고 연산 결과를 레지스터에 저장하는 상
태이다. RETURN 상태는 레지스터에 저장된 연산 결과를 시리얼 통신 TX 모듈에 입력
하고, 전송하는 상태이다.

컴퓨터의 키보드를 이용하여 입력된 오퍼랜드와 오피코드는 시리얼 통신을 통하여
CPU에 전달된다. 8.6에서 설계한 ALU는 두 개의 8비트 오퍼랜드와 4비트 오피코드를

입력으로 한다. 시리얼 통신을 이용해 CPU에 수신된 데이터는 ASCII코드이므로, 8비트 데이터와 4비트 데이터를 어떤 형식으로 입력받을지를 설계자가 결정해야 한다. 예를 들면 컴퓨터 키보드의 0과 1의 입력만을 사용하여 8개의 ASCII 문자를 전송하여 8비트 데이터를 표현할 수 있다. 예를 들면 10진수 62를 전송하기 위해 00111110의 8개 문자를 전송하는 것이다. 또는 키보드의 0~9와 A~F의 문자를 사용하여 3E와 같이 두 개의 문자를 전송할 수도 있다. 어떤 형식으로 데이터를 전송하느냐에 따라 상태도가 달라질 수 있다.

실습 8.9.3 [그림 8-65]의 CPU 제어 FSM의 상태도에서 각 상태의 이동 조건 및 출력을 추가하여 상태도를 완성하시오. 필요하면 상태를 추가하시오.

실습 8.9.4 간단한 마이크로프로세서 회로를 Verilog HDL로 기술하시오. 테스트 벤치를 작성하여 기능을 검증하시오.

[그림 8-66]은 간단한 마이크로프로세서 회로를 시뮬레이션한 결과이다. RX로 수신된 데이터를 컴퓨터의 모니터에 출력하기 위해 TX로 출력한다. 마지막으로 ALU 연산 결과가 TX로 출력된다.

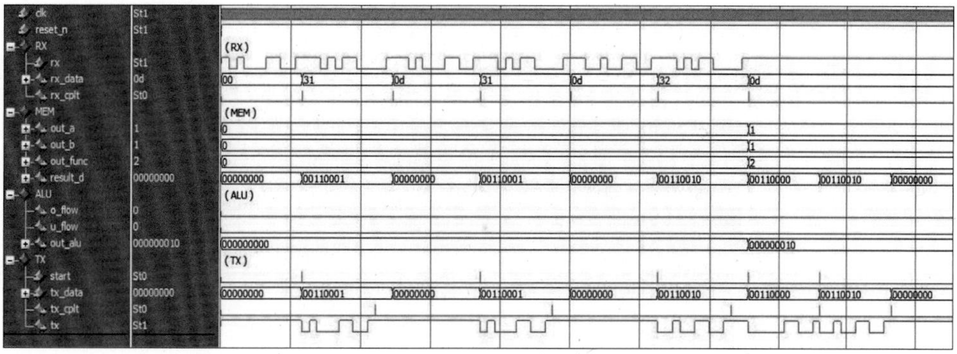

[그림 8-66] 간단한 마이크로프로세서의 시뮬레이션 결과

실습 8.9.5 간단한 마이크로프로세서 Verilog HDL코드를 FPGA에 구현하고 기능을 검증 하시오.

[그림 8-67]은 FPGA에 구현한 마이크로프로세서의 동작 결과이다. 첫 번째 오퍼랜드 1과 두 번째 오퍼랜드 2, 그리고 오피코드 2를 입력하였을 때, 두 오퍼랜드를 더해서 결과 03을 출력한다.

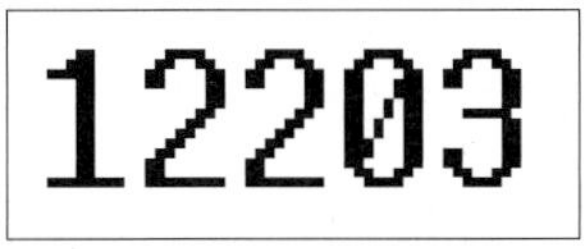
12203

[그림 8-67] 간단한 마이크로프로세서의 동작 결과

[그림 8-68]은 첫 번째 오퍼랜드 9C와 두 번째 오퍼랜드 90, 그리고 오피코드 2를 입력하였을 때, 두 오퍼랜드를 더해서 결과 2C를 출력한다. 이때 오버플로우(overflow)가 발생하여 [그림 8-69]의 오버플로우 LED가 켜진다.

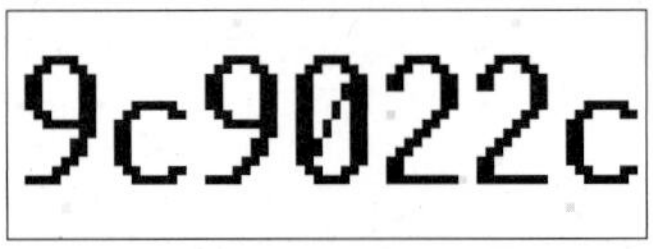
9c9022c

[그림 8-68] 간단한 마이크로프로세서의 동작 결과

o_flow
u_flow

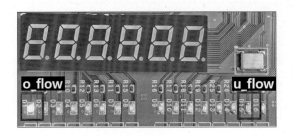

[그림 8-69] 간단한 마이크로프로세서의 오버플로우 결과

부록

Verilog HDL

실습보드 설명서
(User Manual)

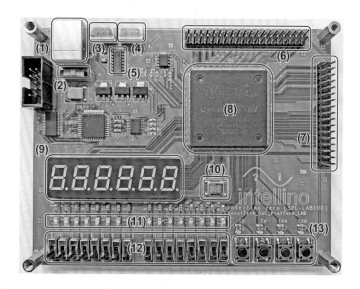

부록 // 실습보드 설명서(User Manual)

Verilog HDL

1. SPL-Lab100 보드 개요(Overview)

1) Layout and Components

SPL-Lab100 Board PCB and component diagram(top view)

(1) Board Power & Programming Connector

(2) Power Switch

(3) UART1

(4) UART0

(5) MAX3232 UART Signal Level Converter

(6) GPIO0 (Pin #1 on left bottom side)

(7) GPIO1 (Pin #1 on top left side)

(8) FPGA (EP3C25Q240)

(9) 6 Digit 7 Segment

(10) 50MHz Oscillator

(11) LED

(12) Slide Switch

(13) Push Button

ㄹ) Block Diagram of the SPL-Lab100 Board

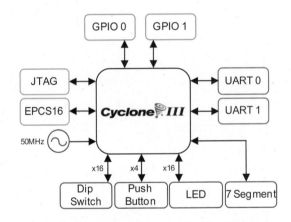

Block diagram of SPL-Lab100 Board

ㄹ) Configuring the Cyclone III FPGA

The SPL-Lab100 board contains a Cyclone III FPGA which can be programmed through an USB Connector. This allows users to configure the FPGA with a specified design using Quartus II software. The programmed design will remain functional on the FPGA as long as the board is powered on, or until the device is reprogrammed. The configuration information will be lost when the power is turned off.

To download a configuration bit stream file through USB connector into the Cyclone III FPGA, perform the following steps:

① Connect a USB cable and put the power switch on.
② The FPGA can now be programmed through the Quartus II Programmer by selecting a configuration bit stream file with the .sof filename extension.

2. 입출력(General User Input/Output)

1) Push Buttons

The SPL-Lab100 board provides four push-button switches. Each push-button switch provides a high logic level when it is not pressed, and provides a low logic level when depressed.

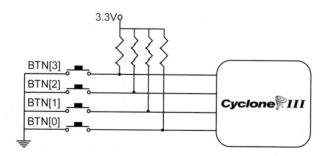

Connections between the push-button and Cyclone III FPGA

Signal Name	FPGA PIN	Description	I/O Standard
BTN[3]	PIN_112	Push-Button[3]	3.3V
BTN[2]	PIN_113	Push-Button[2]	3.3V
BTN[1]	PIN_114	Push-Button[1]	3.3V
BTN[0]	PIN_117	Push-Button[0]	3.3V

Pin Assignments for Push-buttons

ㄹ) Switches

There are also 16 slide switches on the SPL-Lab100 board. These switches are assumed for use as level-sensitive data inputs to a circuit. Each switch is connected directly to a pin on the Cyclone III FPGA. When the switch is in the DOWN position (closest to the edge of the board), it provides a low logic level to the FPGA, and when the switch is in the UP position it provides a high logic level.

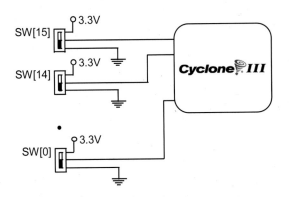

Connections between the slide switches and Cyclone III FPGA

Signal Name	FPGA PIN	Description	I/O Standard
SW[15]	PIN_21	Slide Switch[15]	3.3V
SW[14]	PIN_37	Slide Switch[14]	3.3V
SW[13]	PIN_39	Slide Switch[13]	3.3V
SW[12]	PIN_43	Slide Switch[12]	3.3V
SW[11]	PIN_45	Slide Switch[11]	3.3V
SW[10]	PIN_50	Slide Switch[10]	3.3V
SW[9]	PIN_52	Slide Switch[9]	3.3V
SW[8]	PIN_56	Slide Switch[8]	3.3V
SW[7]	PIN_84	Slide Switch[7]	3.3V
SW[6]	PIN_88	Slide Switch[6]	3.3V
SW[5]	PIN_94	Slide Switch[5]	3.3V
SW[4]	PIN_98	Slide Switch[4]	3.3V
SW[3]	PIN_100	Slide Switch[3]	3.3V
SW[2]	PIN_106	Slide Switch[2]	3.3V
SW[1]	PIN_109	Slide Switch[1]	3.3V
SW[0]	PIN_111	Slide Switch[0]	3.3V

Pin Assignments for Slide Switches

ㅋ) LEDs

There are 16 user-controllable LEDs on the SPL-Lab100 board. Sixteen LEDs are situated above the 16 Slide switches. Each LED is driven directly by a pin on the Cyclone III FPGA; driving its associated pin to a high logic level turns the LED on, and driving the pin low turns it off.

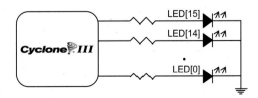

Connections between the LEDs and Cyclone III FPGA

Signal Name	FPGA PIN	Description	I/O Standard
LED[15]	PIN_18	LED[15]	3.3V
LED[14]	PIN_22	LED[14]	3.3V
LED[13]	PIN_38	LED[13]	3.3V
LED[12]	PIN_41	LED[12]	3.3V
LED[11]	PIN_44	LED[11]	3.3V
LED[10]	PIN_49	LED[10]	3.3V
LED[9]	PIN_51	LED[9]	3.3V
LED[8]	PIN_55	LED[8]	3.3V
LED[7]	PIN_83	LED[7]	3.3V
LED[6]	PIN_87	LED[6]	3.3V
LED[5]	PIN_93	LED[5]	3.3V
LED[4]	PIN_95	LED[4]	3.3V
LED[3]	PIN_99	LED[3]	3.3V
LED[2]	PIN_103	LED[2]	3.3V
LED[1]	PIN_108	LED[1]	3.3V
LED[0]	PIN_110	LED[0]	3.3V

Pin Assignments for LEDs

4) 7-Segment Displays

The SPL-Lab100 Board has 6 digit 7-segment displays. The seven segments are connected to pins on Cyclone III FPGA. Each segment in a display is identified by an index from 'a' to 'g'. And the table shows the assignments of FPGA pins to the 7-segment displays.

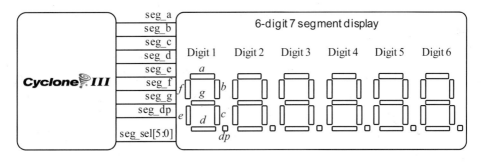

Connections between the 7-segment display and Cyclone III FPGA

Signal Name	FPGA PIN	Description	I/O Standard
seg_a	PIN_69	Seven Segment a	3.3V
seg_b	PIN_63	Seven Segment b	3.3V
seg_c	PIN_78	Seven Segment c	3.3V
seg_d	PIN_72	Seven Segment d	3.3V
seg_e	PIN_71	Seven Segment e	3.3V
seg_f	PIN_68	Seven Segment f	3.3V
seg_g	PIN_80	Seven Segment g	3.3V
seg_dp	PIN_73	Seven Segment Dot	3.3V
seg_sel[1]	PIN_70	Digit Select[1]	3.3V
seg_sel[2]	PIN_65	Digit Select[2]	3.3V
seg_sel[3]	PIN_64	Digit Select[3]	3.3V
seg_sel[4]	PIN_81	Digit Select[4]	3.3V
seg_sel[5]	PIN_57	Digit Select[5]	3.3V
seg_sel[6]	PIN_82	Digit Select[6]	3.3V

Pin Assignments for 7-segment Displays

5) Clock Circuitry

The SPL-Lab100 board includes a 50 MHz oscillator. The oscillator is connected directly to a dedicated clock input pin of the Cyclone III FPGA. The 50MHz clock input can be used as a source clock to drive the phase lock loops (PLL) circuit. The clock distribution on the SPL−Lab100 board is as below.

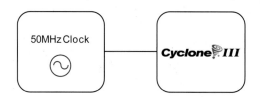

Block diagram of the clock distribution

Signal Name	FPGA PIN	Description	I/O Standard
clk_50meg	PIN_89	50 MHz Clock input	3.3V

Pin Assignments for Clock Input

6) Expansion Header

The SPL−Lab100 board provides two expansion headers. Each header connects directly to the Cyclone III FPGA, and also provides DC Voltage, and two GND pins.

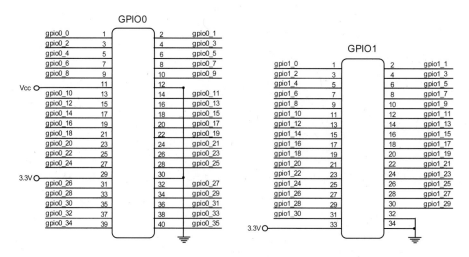

Pin arrangement of the GPIO expansion headers

Signal Name	FPGA PIN	Description	I/O Standard
gpio0[0]	PIN_240	GPIO Connection DATA	3.3V
gpio0[1]	PIN_239	GPIO Connection DATA	3.3V
gpio0[2]	PIN_238	GPIO Connection DATA	3.3V
gpio0[3]	PIN_237	GPIO Connection DATA	3.3V
gpio0[4]	PIN_236	GPIO Connection DATA	3.3V
gpio0[5]	PIN_235	GPIO Connection DATA	3.3V
gpio0[6]	PIN_234	GPIO Connection DATA	3.3V
gpio0[7]	PIN_233	GPIO Connection DATA	3.3V
gpio0[8]	PIN_232	GPIO Connection DATA	3.3V
gpio0[9]	PIN_231	GPIO Connection DATA	3.3V
gpio0[10]	PIN_230	GPIO Connection DATA	3.3V
gpio0[11]	PIN_226	GPIO Connection DATA	3.3V
gpio0[12]	PIN_224	GPIO Connection DATA	3.3V
gpio0[13]	PIN_221	GPIO Connection DATA	3.3V
gpio0[14]	PIN_219	GPIO Connection DATA	3.3V
gpio0[15]	PIN_218	GPIO Connection DATA	3.3V
gpio0[16]	PIN_217	GPIO Connection DATA	3.3V
gpio0[17]	PIN_216	GPIO Connection DATA	3.3V
gpio0[18]	PIN_214	GPIO Connection DATA	3.3V
gpio0[19]	PIN_207	GPIO Connection DATA	3.3V
gpio0[20]	PIN_203	GPIO Connection DATA	3.3V
gpio0[21]	PIN_202	GPIO Connection DATA	3.3V
gpio0[22]	PIN_201	GPIO Connection DATA	3.3V
gpio0[23]	PIN_200	GPIO Connection DATA	3.3V
gpio0[24]	PIN_197	GPIO Connection DATA	3.3V
gpio0[25]	PIN_196	GPIO Connection DATA	3.3V
gpio0[26]	PIN_194	GPIO Connection DATA	3.3V
gpio0[27]	PIN_189	GPIO Connection DATA	3.3V
gpio0[28]	PIN_188	GPIO Connection DATA	3.3V
gpio0[29]	PIN_187	GPIO Connection DATA	3.3V
gpio0[30]	PIN_186	GPIO Connection DATA	3.3V
gpio0[31]	PIN_185	GPIO Connection DATA	3.3V
gpio0[32]	PIN_184	GPIO Connection DATA	3.3V
gpio0[33]	PIN_183	GPIO Connection DATA	3.3V
gpio0[34]	PIN_182	GPIO Connection DATA	3.3V
gpio0[35]	PIN_181	GPIO Connection DATA	3.3V

GPIO-0 Pin Assignments

Signal Name	FPGA PIN	Description	I/O Standard
gpio1[0]	PIN_177	GPIO Connection DATA	3.3V
gpio1[1]	PIN_176	GPIO Connection DATA	3.3V
gpio1[2]	PIN_173	GPIO Connection DATA	3.3V
gpio1[3]	PIN_171	GPIO Connection DATA	3.3V
gpio1[4]	PIN_168	GPIO Connection DATA	3.3V
gpio1[5]	PIN_167	GPIO Connection DATA	3.3V
gpio1[6]	PIN_166	GPIO Connection DATA	3.3V
gpio1[7]	PIN_164	GPIO Connection DATA	3.3V
gpio1[8]	PIN_162	GPIO Connection DATA	3.3V
gpio1[9]	PIN_161	GPIO Connection DATA	3.3V
gpio1[10]	PIN_160	GPIO Connection DATA	3.3V
gpio1[11]	PIN_159	GPIO Connection DATA	3.3V
gpio1[12]	PIN_148	GPIO Connection DATA	3.3V
gpio1[13]	PIN_147	GPIO Connection DATA	3.3V
gpio1[14]	PIN_146	GPIO Connection DATA	3.3V
gpio1[15]	PIN_145	GPIO Connection DATA	3.3V
gpio1[16]	PIN_144	GPIO Connection DATA	3.3V
gpio1[17]	PIN_143	GPIO Connection DATA	3.3V
gpio1[18]	PIN_142	GPIO Connection DATA	3.3V
gpio1[19]	PIN_139	GPIO Connection DATA	3.3V
gpio1[20]	PIN_137	GPIO Connection DATA	3.3V
gpio1[21]	PIN_135	GPIO Connection DATA	3.3V
gpio1[22]	PIN_134	GPIO Connection DATA	3.3V
gpio1[23]	PIN_132	GPIO Connection DATA	3.3V
gpio1[24]	PIN_131	GPIO Connection DATA	3.3V
gpio1[25]	PIN_128	GPIO Connection DATA	3.3V
gpio1[26]	PIN_127	GPIO Connection DATA	3.3V
gpio1[27]	PIN_126	GPIO Connection DATA	3.3V
gpio1[28]	PIN_120	GPIO Connection DATA	3.3V
gpio1[29]	PIN_119	GPIO Connection DATA	3.3V
gpio1[30]	PIN_118	GPIO Connection DATA	3.3V

GPIO-1 Pin Assignments

7) RS-232 Serial Port

The SPL-Lab100 board uses the MAX3232CDR transceiver chip and a 3-pin connector for RS-232 communications. For detailed information on how to use the transceiver, please refer to the datasheet, which is available on the manufacturer's website.

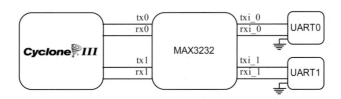

Connections between FPGA and MAX3232 (RS-232) chip

Signal Name	FPGA PIN	Description	I/O Standard
tx0	PIN_5	UART Transmitter 0	3.3V
tx1	PIN_6	UART Transmitter 1	3.3V
rx0	PIN_4	UART Receiver 0	3.3V
rx1	PIN_9	UART Receiver 1	3.3V

RS-232 Pin Assignments

참고문헌

1. 박송배, 디지털 회로의 원리와 응용, 광문각, 1993

2. 김선규 외, 디지털 논리회로 설계 및 실험, 광문각, 2018

3. Daniel D. Gajski, Principles of Digital Design, Prentice Hall, 1997

4. David Harris and Sarah Harris, Digital Design and Computer Architecture, Morgan Kaufmann, 2010

5. Douglas J Smith, HDL Chip Design, Doone, 1996

6. IEEE Standard for Verilog® Hardware Description Language

이 승 은 교수

1998	KAIST 전기 및 전자공학과 학사
2000	KAIST 전기 및 전자공학과 석사
2000-2005	한국전자기술연구원(KETI)
2005-2008	Univ. of California at Irvine 전기컴퓨터공학과 박사
2008-2010	Intel Labs, Hillsboro, OR
2010-현재	서울과학기술대학교 전자공학과 교수

| 이메일 | seung.lee@seoultech.ac.kr |
| 홈페이지 | https://soc.seoultech.ac.kr/ |

[개정판]

Verilog HDL

Verilog HDL을 이용한 디지털 시스템 설계

| 2020년 | 3월 | 10일 | 1판 | 1쇄 | 발 행 |
| 2023년 | 3월 | 5일 | 2판 | 2쇄 | 발 행 |

지 은 이 : 이　　　승　　　은

펴 낸 이 : 박　　　정　　　태

펴 낸 곳 : **광　　　문　　　각**

10881
파주시 파주출판문화도시 광인사길 161
광문각 B/D 4층
등　　　록 : 1991. 5. 31 제12 - 484호
전　화(代): 031-955-8787
팩　　　스 : 031-955-3730
E - mail : kwangmk7@hanmail.net
홈페이지 : www.kwangmoonkag.co.kr

ISBN : 978-89-7093-684-0　93560

값 : 23,000원

한국과학기술출판협회
Korean Science & Technology Publisher Association

불법복사는 지적재산을 훔치는 범죄행위입니다.
저작권법 제97조 제5(권리의 침해죄)에 따라 위반자는 5년 이하의
징역 또는 5천만원 이하의 벌금에 처하거나 이를 병과할 수 있습니다.

저자와 협의하여 인지를 생략합니다.